结构设计新形态丛书

迈达斯 midas Gen 结构设计入门与提高

杨韶伟　著

中国建筑工业出版社

图书在版编目（CIP）数据

迈达斯 midas Gen 结构设计入门与提高/杨韶伟著
. —北京：中国建筑工业出版社，2024.5
（结构设计新形态丛书）
ISBN 978-7-112-29834-1

Ⅰ.①迈…　Ⅱ.①杨…　Ⅲ.①建筑设计-结构设计-
计算机辅助设计-应用软件　Ⅳ.①TU201.4

中国国家版本馆 CIP 数据核字（2024）第 090833 号

本书为"结构设计新形态丛书"之一，系网站达人编写。二维码可扫码观看 126 个视频教
学（共计 8.3G）。本书的主要内容包括：从简支梁入门 Gen；悬挑大雨篷结构计算分析；高层混
凝土结构计算分析；巨型广告牌龙骨结构计算分析；网架结构计算分析；管桁架结构计算分析；
异形钢结构计算分析；钢筋混凝土穿层柱屈曲分析；钢筋混凝土楼盖舒适度分析。
本书供结构设计人员、结构软件人员使用，并可供各个层次的院校师生参考。

配套数字资源

责任编辑：郭　栋
责任校对：赵　力

结构设计新形态丛书
迈达斯 midas Gen 结构设计入门与提高
杨韶伟　著

*

中国建筑工业出版社出版、发行（北京海淀三里河路 9 号）
各地新华书店、建筑书店经销
北京科地亚盟排版公司制版
北京中科印刷有限公司印刷

*

开本：787 毫米×1092 毫米　1/16　印张：13　字数：323 千字
2024 年 7 月第一版　　2024 年 7 月第一次印刷
定价：68.00 元
ISBN 978-7-112-29834-1
（42826）

前　　言

随着科技的发展，有限元软件在房屋建筑结构设计中的应用越来越广。迈达斯 Gen 作为一款土木领域的结构分析有限元软件，操作界面相对于其他国外的有限元软件，更容易上手，分析结果可信度也比较高。

市面上有很多关于 Gen 的书籍，但是它们有个特点，都是以 Gen 为核心，不知不觉间成了一本纯软件的操作指南。鉴于此，笔者一直在构思一本关于 Gen 结构设计的书籍，希望它以结构概念为基础，Gen 作为一种结构分析手段，让结构设计师来掌控全局。

于是，本书应运而生。书中每章内容都是以案例带动操作的模式，从案例背景介绍，到结构概念设计，再到软件实际操作，最后是软件结果的解读，一气呵成。每章结尾有案例思路拓展和章节小结，供读者更多地发散思考和总结。

本书的另一个特色是突破传统的图文模式，穿插很多相关章节的视频资料。读者在阅读此书时，务必请扫码阅读学习，可以为读者更好地掌握 Gen 增砖添瓦。

全书的学习脉络分为两部分：前 6 章为 Gen 的基础章节，旨在通过 7 个不同的案例（从构件到结构，从杆单元到壳单元），全方位地带领读者熟悉 Gen 的全流程操作；最后 3 章为 Gen 的提高章节（异形结构加两个专题分析），旨在拓展读者的设计思维，将 Gen 作为实现读者设计理念的工具。

最后，衷心希望阅读此书的读者，将此书作为学习 Gen 路上的转折点，灵活运用在实际项目中，成为实现自己结构设计项目的利器。

限于笔者的学识，本书定有不当或错误之处，敬请广大读者批评指正！

欢迎读者加入本图书 QQ 群 345569477 或添加杨工微信"13152871327"，对本书展开讨论或提出批评建议。另外，微信公众号"鲁班结构院"会发布本书的相关信息，欢迎关注。

2024 年于北京

目　　录

第 **1** 章
从简支梁入门 Gen

1.1 Gen 简介

1.1.1 结构工程师的软件标配

结构软件是结构工程师进行结构设计的工具，一个合格的结构工程师需要掌握四类软件：国产结构设计软件＋有限元分析软件＋计算编程/工具箱＋绘图软件（CAD）。

国产结构设计软件一般包括下面两类：

1）层概念：PKPM、YJK 等；

2）空间结构：3D3S、MST 等。

有限元分析软件一般包括下面四类：

1）层概念：midas Building、ETABS 等；

2）一般复杂空间结构：midas Gen、SAP2000 等；

3）节点（补充分析）：midas FEANX、SAP2000 、ABAQUS、ANSYS 等；

4）非常复杂超限结构（补充分析）：ABAQUS、ANSYS、PERFORM-3D 等。

计算编程/工具箱一般包括下面三类：

1）Excel、Python 等；

2）Mathcad；

3）理正工具箱等。

1.1.2 为什么设计师觉得有限元软件不好掌握

笔者认为，主要有三个原因：第一是设计师的结构概念欠缺，不能很好地对计算假定及结果进行判断；第二是行业高速运转，没有时间静下心来提升技能，心有余而力不足；第三是市面上缺少真正适合设计师的书籍，仅靠软件手册学习效率低下。

1.1.3 迈达斯软件简介

迈达斯系列软件涉及桥梁领域、建筑领域、岩土领域、机械领域、经营领域等。

作为建筑结构设计师，主要接触的是建筑领域的迈达斯系列软件。它包括三大类：midas Building、midas Gen 和 midas FEANX。

其中，midas Building 针对层概念清晰的多高层、超高层项目；midas Gen 针对空间结构、复杂结构分析（稳定、楼板应力分析等）；midas FEANX 针对节点分析。

midas Gen 是一款主要面向建筑结构分析与设计的通用有限元软件，1989 年由韩国浦项集团成立的 CAD/CAE 研发机构开始研发，2000 年 12 月进入国际市场。

本书希望以案例为载体，结合结构概念，进行 Gen 软件的相关操作。

1.2 新手如何学习 Gen

1.2.1 三大 Gen 学习法则

新手在学一个设计软件的时候，容易进入一个误区，就是追求过度的细节，以致成为软件的奴隶。比如，用 Gen 分析一个框架结构，有的朋友会用建模助手去建模。这里，不是说建模助手不好，而是要表达一个意思，就是先花精力把握整体的设计操作流程；而涉及操作层面的细节，可以慢慢体会。此处，我推荐读者学习 Gen 需要留意的三大法则。

第一，时刻记住人的主导作用，软件只是分析工具而已。这一点很重要，任何时候、任何软件，都只是验证我们设计思路的工具，特别是计算结果，我们要用结构概念去定性判断；对计算机而言，结构就是冰冷的数字符号而已。

第二，从整体到局部，把握宏观，简化细节。这里，提醒读者在使用有限元软件的过程中，要学会合理的简化。比如，如果你用 Gen 去做超长结构的温度应力分析，那就可以针对温度工况重点处理，单独备份模型，删除无用的荷载工况，提高分析效率；再比如，你做一个异形的钢结构广告牌分析，可以根据需要适当简化结构，除主体钢结构以外的一级次龙骨可以根据需要简化，这样可以提高分析效率。

第三，正确看待 Gen 软件，不要指望它能一劳永逸。比如，Gen 和 SAP 类似，擅长处理没有层概念的空间结构；如果用它去做节点分析，就有些不合适了，这里提醒读者要知晓每个软件擅长的地方。总体来说，有限元软件建模不是强项，分析是强项。Gen 整体分析是强项，而节点分析则非强项。

1.2.2 Gen 八大经典快捷键

为何别人可以在迈达斯模型里随意切换游走，而你却满屏幕地点来点去，觉得有限元软件这么麻烦？

下面，可能是很重要的一部分原因。

笔者从不提倡设计师对计算软件快捷键的熟练程度达到 CAD 快捷键的级别，因为设计师是人，不是工具。人的精力有限，好钢用在刀刃上，midas 的快捷键在说明书中成百上千个，但是实际常用的不多，大部分通过软件界面操作可以解决。

这里给读者总结八个经典的快捷键！

1) Ctrl+鼠标中键——来回转动图形

2) F2 选择显示——快速显示选择的部分

3) Ctrl+A 全部显示——全部显示图形

4) Ctrl+Q——前一次的选择

5) F5——直接运行计算

6) F8——运行钢结构验算/弹出截面对话框，可以只验算单根构件或者直接后处理验算

7) Ctrl+F3——返回原始模型状态或者快速回到初始状态模型

8）Ctrl＋S——保存模型

关于快捷键的经典操作请查看视频 1.2.2。

1.2.3　本书学习方法

本书的学习，建议读者结合书中附赠的视频同步展开，涉及软件细节的操作在 midas Gen 细节集锦视频（附录）。读者可以把它作为软件字典，随学随用。

另外，提醒读者的是，每一个章节，需要结合章节内容进行软件的实际操作。每章的案例背景、概念设计、软件实际操作、结果解读是必须重点掌握的内容。案例思路拓展的内容，读者可以根据自身情况，进行发散性的学习和思考。

拓展：更多关于迈达斯软件的介绍和学习方法详见视频 1.2.3。

1.3　简支梁入门 Gen 杆单元

1.3.1　案例背景

钢结构设计项目中有一类典型的简支梁，它就是次梁。下面。我们以某项目 8m 跨度的简支梁为例，带领读者一起入门 Gen。

注：此案例的目的是从简单的算例体会 Gen 中的整体操作流程。大道至简，从杆件到结构，分析流程其实都是一样的（区别只是某个环节的难易程度）。

基本信息：HN400×200（图 1.3-1 为截面特性），Q355 材质，跨度 8m，设计荷载 10kN/m（为了便于手算比较，我们不考虑自重），两端简支。

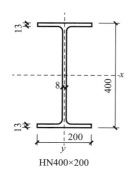

HN400×200

截面几何参数表

A	8337.0708	I_p	251923273.0000
I_x	234566201.0000	I_y	17357072.0000
i_x	167.7359	i_y	45.6280
W_x（上）	1172831.0050	W_y（左）	173570.7200
W_x（下）	1172831.0050	W_y（右）	173570.7200
绕X轴面积矩	656329.4965	绕Y轴面积矩	133492.7688
形心离左边缘距离	100.0000	形心离右边缘距离	100.0000
形心离上边缘距离	200.0000	形心离下边缘距离	200.0000
主矩I_1	234566201.000	主矩1方向	(1.000, 0.000)
主矩I_2	17357072.000	主矩2方向	(0.000, 1.000)

图 1.3-1　截面特性

1.3.2　结构概念设计

从整体结构到单根杆件，都离不开强度和变形的问题。就本案例简支梁而言，一样存在强度和变形两个层面的设计验算。

根据结构力学的知识，可以得出下面的结论。

简支梁的弯矩和剪力（图 1.3-2）如下：

弯矩（跨中最大）$M = \frac{1}{8}ql^2 = \frac{1}{8} \times 10 \times 8^2 = 80\text{kN} \cdot \text{m}$

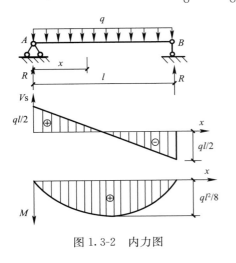

图 1.3-2　内力图

剪力（两端最大）$V = \frac{1}{2} \times 10 \times 8 = 40\text{kN}$

简支梁的变形（即跨中挠度）如下：

挠度（跨中最大）$f = \frac{5ql^4}{384EI} =$

$\dfrac{5 \times 10 \times 8000^4}{384 \times 206000 \times 234600000} = 11.036\text{mm}$

根据材料力学的知识可以得出下面结论：

弯矩引起的正应力 $\sigma = \dfrac{M}{W} = \dfrac{80 \times 10^6}{1.173 \times 10^6} = 68\text{MPa}$

剪力引起的剪应力 $\tau = \dfrac{V}{bh} = \dfrac{40}{8 \times (400 - 13 \times 2)} =$ 13.4MPa

1.3.3　Gen 软件实际操作

大到整体结构，小到杆件分析，Gen 的有限元可以分为前处理、运行分析和后处理三大步。其中，前处理又可以细分为建模—边界约束—加载；运行分析主要是一些分析设置；后处理主要是力和变形相关的结果查看与设计。

下面我们就从三大步入手，在案例中带动 Gen 操作（考虑照顾新接触 Gen 有限元软件的读者，此小案例我们会逐步介绍，让读者体会整体分析的流程）。

1. 建模

说到建模，我们需要定义材料特性、几何截面和几何建模。

1）材料特性

在 1.3.1 案例背景中，我们知道简支梁材料为 Q355 材质。

主要操作：菜单"特性"→"材料特性值"（图 1.3-3）。

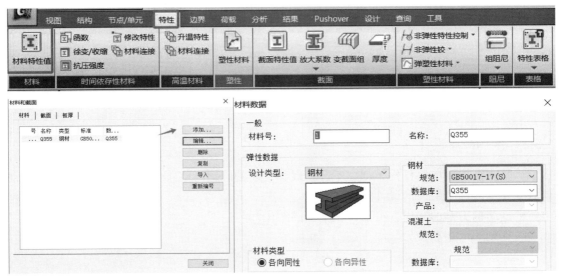

图 1.3-3　材料特性值

注：大部分项目材料特性的定义都可以按规范选择，找到相应的材质，里面具体的材料特性值定义都是默认按规范取值。如果遇到特殊的材料，需要设计师找到相应的材料特性值，在 Gen 中输入即可。

2）几何截面

主要操作：菜单"特性"→"截面"（图 1.3-4）

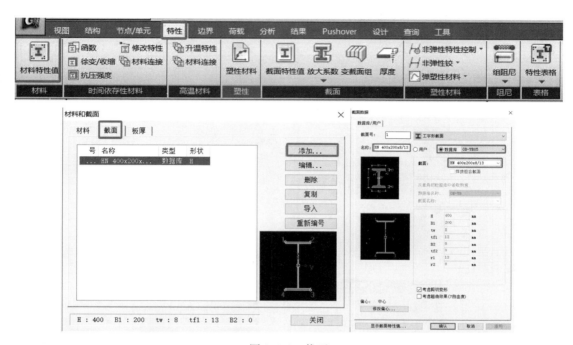

图 1.3-4　截面

注：材料截面的定义，规范的材料库，比如型钢 HN 型用来进行受弯构件的设计，个别自定义截面，设计师可以选择"用户"，自行输入。

3）几何建模

主要操作：菜单"特性"→"节点/单元"（图 1.3-5）。

图 1.3-5　节点/单元

几何建模是前处理开放性最强的一步，本案例我们用最纯粹的 Gen 建模方式。

方法 1：点、点、连线。

先定义两点，原点（0，0，0）和跨度方向确定的另一点（8，0，0），如图 1.3-6 所示。

再根据两点连线，定义梁单元，如图 1.3-7 所示。

此方法是 Gen 建模最基本的一种方法，按照点、线、面、体的思路，从低维度向高维度过渡。下面，我们介绍另一种常用的方法。

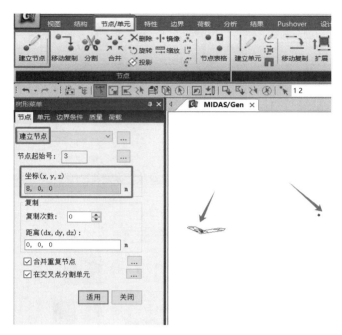

图 1.3-6　定义两点

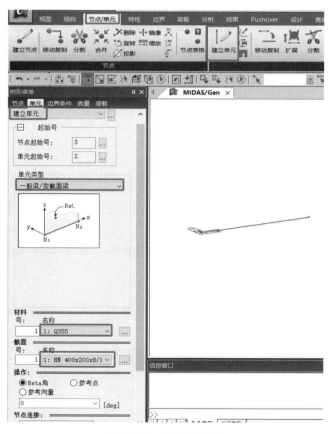

图 1.3-7　定义梁单元

方法2：点、点拉伸线。

先定义原点（0，0，0）和跨度方向确定的另一点（8，0，0），如图1.3-8所示。

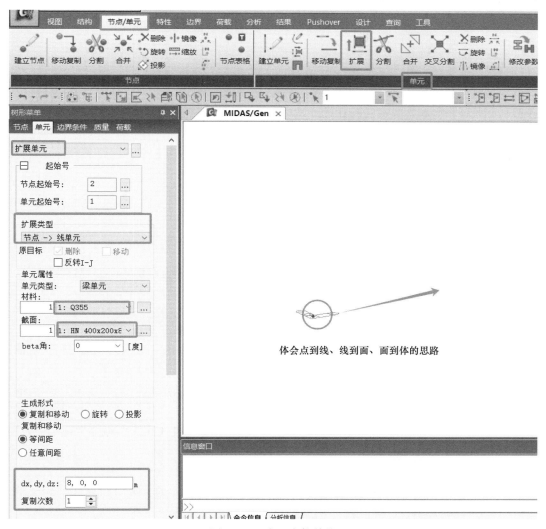

体会点到线、线到面、面到体的思路

图1.3-8　点、点拉伸线

注：拉伸的思路应该是 Gen 建模中应用最广的一个方法。这种点拉伸线、线拉伸面、面拉伸体的思路，读者需要在后续阅读学习中深刻体会。

整体杆件建立完成后，我们需要进一步对杆件进行有限元划分。本例属于杆件层面，只须对此梁单元进行划分即可（图1.3-9）。

2. 边界约束

从结构到杆件，在力学计算中必须存在边界约束，否则就是机构，对建筑结构没有任何意义。实际项目中，经常会遇到因为约束不足而引起的工程事故。

在 Gen 中，约束主要分两大类：平动约束和转动约束。每一类约束又根据坐标系对应的方向进行细分，如图1.3-10所示。读者可以留意下面的说明（对后面查看支座反力很有帮助）。

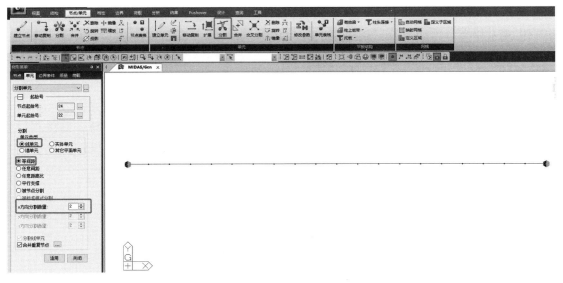

图 1.3-9　划分梁单元

注意：单元划分是有限元软件处理模型的精髓，不是所有的模型都有细化单元，针对不同结构、不同杆件，选择重要的杆件进行划分即可。

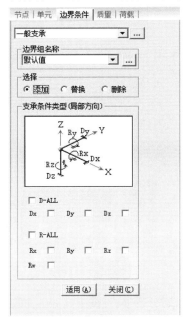

图 1.3-10　约束的细分

约束说明：

D-ALL：全部平移自由度。

Dx：整体坐标系 X 轴方向（或节点局部坐标 x 轴方向）的平移自由度。

Dy：整体坐标系 Y 轴方向（或节点局部坐标 y 轴方向）的平移自由度。

Dz：整体坐标系 Z 轴方向（或节点局部坐标 z 轴方向）的平移自由度。

R-ALL：全部旋转自由度。

Rx：绕整体坐标系 X 轴方向（或节点局部坐标 x 轴方向）的旋转自由度。

Ry：绕整体坐标系 Y 轴方向（或节点局部坐标 y 轴方向）的旋转自由度。

Rz：绕整体坐标系 Z 轴方向（或节点局部坐标 z 轴方向）的旋转自由度。

Rw：翘曲自由度。

本案例是一个典型的二维平面结构（X-Y 平面），即在"结构"→"结构类型"→"XY 平面"进行设置，因此我们只须在此平面下对简支梁进行约束定义即可。

主要操作：左侧节点施加 DX、DY 约束，右侧节点施加 DY 约束即可，如图 1.3-11 所示。

图 1.3-11 施加约束

3. 加载

结构说到底，是用来抵抗荷载而存在的。没有荷载，就没有任何意义。通俗来说，荷载分竖向荷载和水平荷载。比如，我们日常遇到的恒荷载或者活荷载就属于竖向荷载，风和地震属于水平作用的荷载。思考结构体系的演变过程，从框架结构→框架-剪力墙结构→剪力墙结构→框架核心筒结构→筒中筒结构，可以说在结构设计中，结构体系的选择 90% 以上的情况取决于水平荷载的大小。

在本案例背景中，我们需要施加竖向荷载 10kN/m，以后的案例中我们会介绍其他类型的荷载。

荷载的添加大致分两大步：定义荷载工况→添加荷载。

1）定义荷载工况

荷载工况的定义是添加荷载的前提。打个通俗的比方，各种类型的荷载工况类似于各种道路，有人行道、自行车道、机动车道、高速路等，它们客观存在，但是每一个项目应用时却不一样。

为了便于结果手算比较，本案例把 10kN/m 的竖向荷载放在活荷载工况（定义如图 1.3-12 所示），后期结果查看，我们在活荷载工况中进行。

2）添加荷载

本案例属于梁单元，选择梁单元添加线荷载即可（图 1.3-13）。

至此，前处理部分已经结束，我们简单回顾一下前处理三部曲：建模→边界约束→加载。

4. 运行分析

运行分析中，一般分三步走：主控数据设置→分析控制→运行计算（图 1.3-14）。

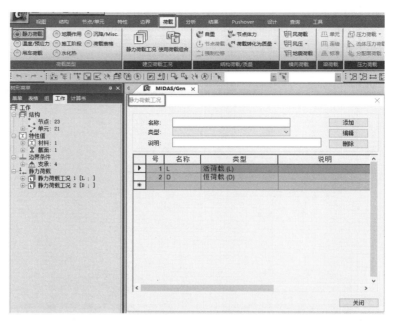

图 1.3-12　定义活荷载工况

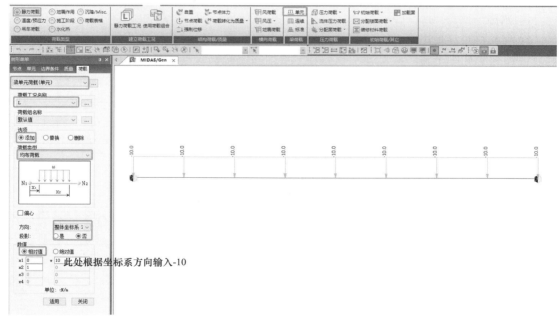

图 1.3-13　添加线荷载

图 1.3-14　分析菜单

大部分项目主要在分析控制中进行设置，比如是否考虑结构 $P\text{-}\delta$ 效应，稳定相关的屈曲分析，常规结构都要考虑的特征值分析，大跨复杂结构的非线性分析等。

本案例比较简单，典型的平面结构只需要确认好分析平面，直接运行分析即可。

5. 后处理

后处理分内力和变形相关的"结果"菜单与构件层面的"设计"菜单。

"结果"查看（图 1.3-15）是设计师用 Gen 进行结构分析应该重点关注的部分，也是有限元软件进行分析的目的所在。此部分我们在第 1.3.4 节进行详细介绍。

图 1.3-15　"结果"查看

"设计"菜单（图 1.3-16）在实际项目中用得比较少（建议对异形钢结构可以进行构件层面的计算），构件层面的设计建议在国产软件中进行。

图 1.3-16　"设计"菜单

1.3.4　Gen 软件结果解读

此节是对第 1.3.3 节"后处理"部分结果查看的详细介绍。我们从力和变形两个维度进行介绍，这也是后续其他章节结果解读的思路，读者务必细细体会。

1. 支座反力

选择"结果"→"反力"。

首先，要思考支座反力可以看什么。支座反力一方面可以验证支座添加的准确性，另一方面可以验证该工况下荷载添加的准确性。并且，有经验的工程师可以通过支座反力粗略地估计地基基础方面的内容（地基承载力需求、基础尺寸等）。

选择好对应工况（本例活荷载 L 工况），输出如图 1.3-17 所示的内容。

验算复核：$10 \times 8/2 = 40 \text{kN}$。

注：为了后续章节更好地理解其他结构的反力，我们把软件中与反力相关的符号意义进行如下的摘录，以便于读者后续查阅。

FX：整体坐标系 X 轴方向或节点局部坐标系 x 方向的反力分量。

FY：整体坐标系 Y 轴方向或节点局部坐标系 y 方向的反力分量。

FZ：整体坐标系 Z 轴方向或节点局部坐标系 z 方向的反力分量。

FXYZ：$\sqrt{FX^2 + FY^2 + FZ^2}$

MX：绕整体坐标系 X 轴或节点局部坐标系 x 轴的弯矩反力分量。

MY：绕整体坐标系 Y 轴或节点局部坐标系 y 轴的弯矩反力分量。

MZ：绕整体坐标系 Z 轴或节点局部坐标系 z 轴的弯矩反力分量。

MXYZ：$\sqrt{MX^2 + MY^2 + MZ^2}$

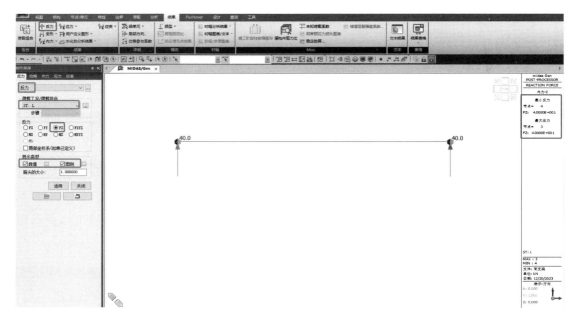

图 1.3-17　输出

2. 内力

选择"结果"→"内力"→"梁单元内力图"。

此案例主要查看梁单元的弯矩和剪力。梁单元我们重点查看的内力是弯矩 My 和剪力 Fz（图 1.3-18）。

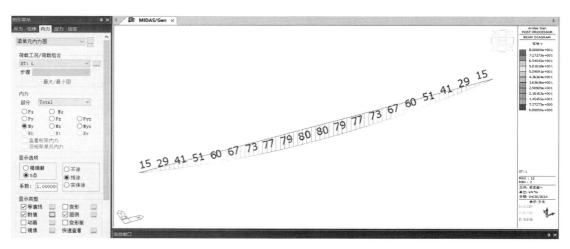

图 1.3-18　弯矩和剪力（一）

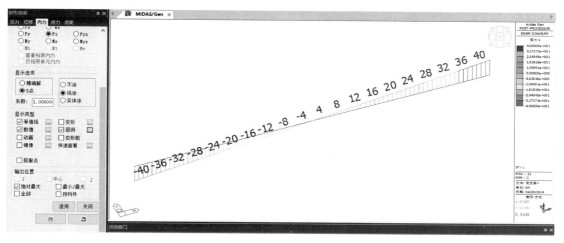

图 1.3-18　弯矩和剪力（二）

通过比较不难发现，弯矩和剪力与第 1.3.2 节中的计算结果一致。

注：杆单元的内力查看内容比较丰富，为了后续章节更好地理解其他结构杆件的内力，我们把软件中杆单元相关的符号意义进行如下摘录（打开杆单元的局部坐标轴对比理解），便于读者后续查阅（菜单如图 1.3-19 所示）。

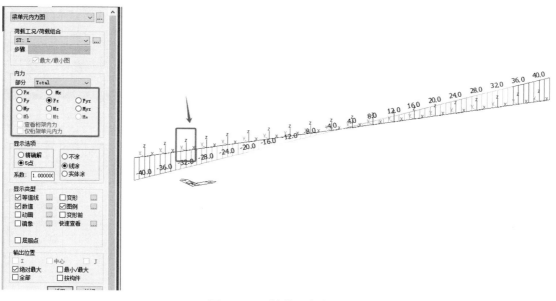

图 1.3-19　梁单元内力图

在下列各项中，选择输出的内力分量。

Fx：单元局部坐标系 x 轴方向的轴力。

Fy：单元局部坐标系 y 轴方向的剪力。

Fz：单元局部坐标系 z 轴方向的剪力。

Fy、Fz：同时输出单元局部坐标系 y、z 轴方向的剪力。

Mx：绕单元局部坐标系 x 轴方向的扭矩。

My：绕单元局部坐标系 y 轴方向的弯矩。

Mz：绕单元局部坐标系 z 轴方向的弯矩。

Myz：同时输出绕单元局部坐标系 y、z 轴方向的弯矩。

勾选内力 Fx 时，同时勾选查看桁架内力，可同时显示梁单元和桁架单元的轴力。仅勾选桁架单元内力，只显示桁架单元的轴力。

3. 应力

选择"结果"→"应力"→"梁单元应力图"。

此部分实际项目中查看较少，但是作为分析软件，一般在一些项目的补充分析中可以查看，比如楼板的应力分析，特殊钢构件的应力分析。

此案例主要查看梁单元弯矩引起的弯曲应力 Sbz 和剪力引起的剪切应力 Ssz（图 1.3-20）。梁单元我们重点查看的内力是弯矩 My 和剪力 Fz。

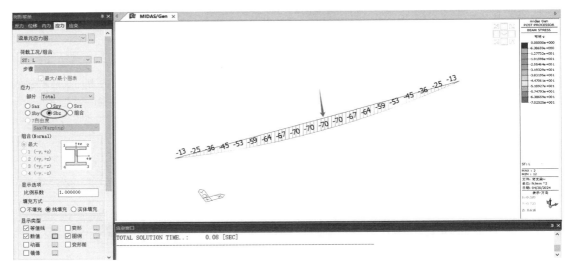

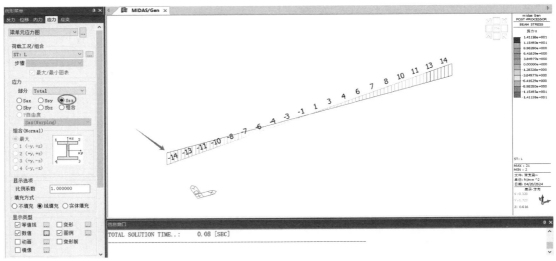

图 1.3-20　梁单元应力图

通过比较不难发现，弯矩引起的弯曲应力 Sbz 和剪力引起的剪切应力 Ssz 与第 1.3.2

节中的计算结果一致（读者注意留意图形中的箭头所指的位置：跨中和两端）。

注：为了后续章节更好地理解其他结构杆件的应力，我们把软件中与杆单元相关的符号意义进行如下的摘录（打开杆单元的局部坐标轴对比理解），以便于读者后续查阅。

Sax：单元局部坐标系 x 轴方向的轴向应力。

Ssy：单元局部坐标系 y 轴方向的剪应力。

Ssz：单元局部坐标系 z 轴方向的剪应力。

Sby：在单元局部坐标系下由绕 z 轴的弯曲引起的沿 y 方向变化的弯曲应力。

Sbz：在单元局部坐标系下由绕 y 轴的弯曲引起的沿 z 方向变化的弯曲应力。

组合应力：轴力产生的应力加上两个方向弯矩产生的应力（Sax＋Sby＋Sbz）。

最大值：在 1、2、3、4 位置中组合应力的最大值。

1、2、3、4：（ ）内 y 和 z 表示所处的位置，如 1（－y，z）表示 1 号点位置在－y、＋z 位置。

4. 变形

选择"结果"→"位移"→"位移等值线"。

所有结构变形是计算结果查看的一个重要指标，比如竖向荷载作用下的挠度、水平荷载作用下的位移等。此案例关注的是两单元在竖向荷载下的挠度 DZ（图 1.3-21）。

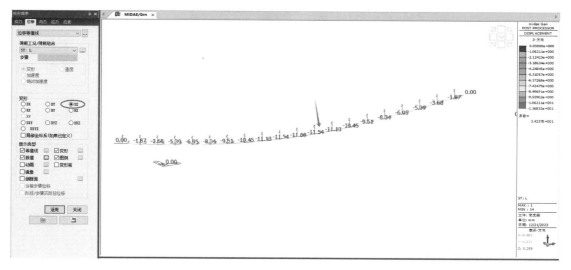

图 1.3-21　挠度

从图中可以看出，跨中最大变形值为 11.68mm，与第 1.3.2 节中的计算结果基本一致。

注：为了后续章节更好地理解其他结构杆件的应力，我们把软件中与变形相关的符号意义进行如下的摘录，以便于读者后续查阅。

DX：整体坐标系 X 轴方向的位移分量。

DY：整体坐标系 Y 轴方向的位移分量。

DZ：整体坐标系 Z 轴方向的位移分量。

RX：绕整体坐标系 X 轴的转动分量。

RY：绕整体坐标系 Y 轴的转动分量。

RZ：绕整体坐标系 Z 轴的转动分量。

$DXY = \sqrt{DX^2 + DY^2}$

$$DYZ=\sqrt{DY^2+DZ^2}$$

$$DXZ=\sqrt{DX^2+DZ^2}$$

$$DXYZ=\sqrt{DX^2+DY^2+DZ^2}$$

至此，梁单元杆件的计算结果解读完毕。

关于本案例全流程操作，请点击查看视频 1.3.4。

1.3.5 案例思路拓展

此部分是本书的特色之一，意在提醒读者不要把有限元软件作为解决实际项目单一问题的工具，要在解决实际项目问题的过程中不断思考，并且可以将自己的思考内容进一步借助有限元软件进行论证，同时做到举一反三。

本案例建议读者可以简支梁单元为起点，进一步结合实际项目试算一些简单的刚架模型，比如二维门式刚架、防倒塌棚架等（图 1.3-22）。

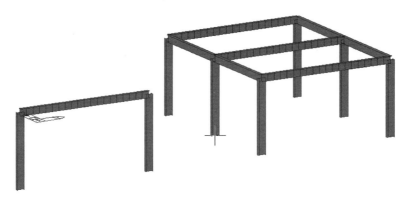

图 1.3-22 刚架模型

1.4 简支梁入门 Gen 壳单元

1.4.1 案例背景

案例背景同第 1.3 节，我们以壳元的方法进行建模和计算分析，带领读者一起入门 Gen 的壳元。

注：此案例的目的是从简单的算例体会 Gen 中带壳元的构件整体操作流程。大道至简，从杆件到结构，分析流程其实都是一样的（区别只是某个环节的难易程度）。

1.4.2 结构概念设计

做过剪力墙设计的读者对连梁一定不会感到陌生，实际项目中连梁的模拟方法有杆单元和壳单元两种：前者属于线单元，后者属于面单元。从几何的角度看，点→线→面→体，是一个空间作用不断增强的过程。

本案例中的简支钢梁如果用壳元模拟，那么它的有限元计算结构会比传统结构力学杆件计算的要小，原因很大一部分在于空间作用。这就如同复杂结构中的转换梁从杆单元过渡到实体单元模拟一样。

另外，壳单元模拟还有一些杆单元不具备的优势。比如，钢梁经常开洞，设计师一般会增设加劲肋，虽然感觉上不难理解加劲肋的增强作用，但很多时候需要去量化它。这就需要通过有限元软件进行验证。

1.4.3　Gen 软件实际操作

同第 1.3.3 节一样，我们同样从前处理、运行分析和后处理三大步入手，在案例中带领进行 Gen 操作（考虑到新接触 Gen 有限元软件的读者，此小案例我们依然会逐步介绍，让读者体会整体分析的流程）。

1. 建模

此部分我们依然从材料特性、几何截面和几何建模三步进行。

1）材料特性

在 1.4.1 案例背景中，我们知道简支梁材料为 Q355 材质，壳元采用 Q355 钢板进行模拟。

主要操作：菜单"特性"→"材料特性值"（图 1.4-1）。

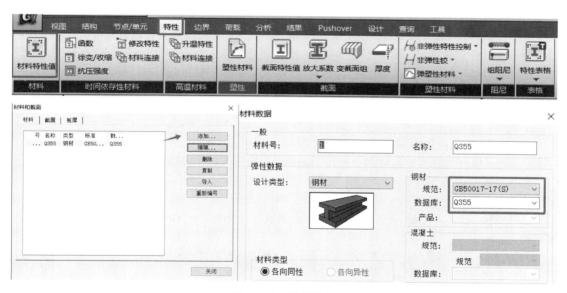

图 1.4-1　材料特性

2）几何截面

主要操作：菜单"特性"→"截面"（图 1.4-2）。

图 1.4-2　几何截面（一）

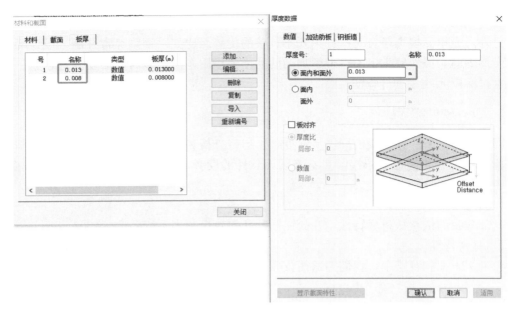

图 1.4-2　几何截面（二）

注：本案例钢梁截面翼缘和腹板厚度分别为 13mm 和 8mm，因此，我们定义两个壳单元截面（13mm 和 8mm）来模拟工字钢梁。

为了更深刻地理解后续章节关于壳单元厚度的问题，这里需要给读者说明一下面内和面外的概念：

① 面内和面外：平面内和平面外厚度相同时，厚度值在此输入；

② 面内：输入用于计算平面内方向的刚度的厚度；

③ 面外：输入用于计算平面外方向的刚度的厚度。

在结构设计中，我们对楼板经常进行一些假定：

① 弹性楼板 6：程序真实地计算楼板平面内和平面外的刚度，Gen 中的面内、面外一般均为同一个数值；

② 弹性楼板 3：假定楼板平面内为无限刚，程序仅真实地计算楼板平面外刚度，Gen 中的面外为实际板厚；

③ 弹性膜：程序真实地计算楼板平面内刚度，楼板平面外刚度不考虑（取为零），Gen 中的面内为实际板厚；

④ 刚性板：程序计算结构整体指标时对楼板的刚度按无限大处理，Gen 中通过定义刚性隔板来实现。

3）几何建模

主要操作：菜单"节点/单元"（图 1.4-3）。

图 1.4-3　几何建模

关于壳元的创建，有很多方法，可以用 CAD、犀牛（Rhino）参数化 GH 的方法导入 Gen 中，也可以用 Gen 创建处理。考虑到读者初次接触 Gen 壳元，我们用软件自带的壳元创建方法。

首先，确定壳元大小，明确创建思路。本案例采取从点生成线、线拉伸成面、最后移动复制生成最终模型的思路。其他网格划分的方法，我们在后续章节介绍。

　　壳元大小不是越小越好（太小最直观的感受是影响计算速度），结构设计不是科学研究，前者更注重实践性。本案例采用 50×50 的壳元进行模型创建。

　　先定义两点。原点（0，0，0）和跨度方向确定的另一点（0，50，0），如图 1.4-4 所示。

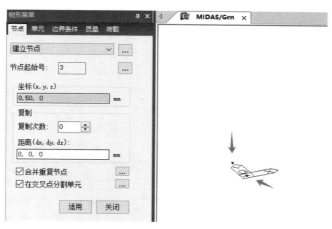

图 1.4-4　定义两点

　　两点连线，生成杆单元。如图 1.4-5 所示。

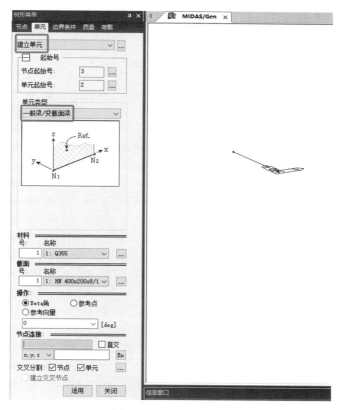

图 1.4-5　生成杆单元

此处，两点连线生成的梁单元只是进行壳单元的一个过渡。

杆单元扩展成面单元。如图 1.4-6 所示。

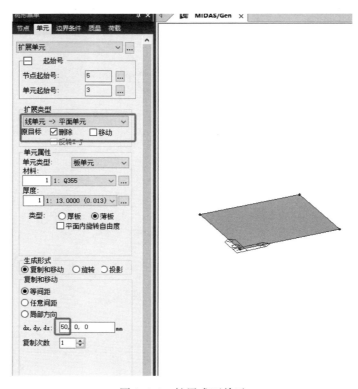

图 1.4-6　扩展成面单元

至此，第一个与翼缘相关的壳单元已经建模完毕。同理，可以建立与腹板相关的第一个壳单元。如图 1.4-7 所示。

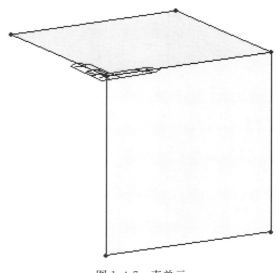

图 1.4-7　壳单元

下面，我们通过"移动复制"的命令，将第一列翼缘和腹板的单元进行复制，生成如图 1.4-8 所示的单元。

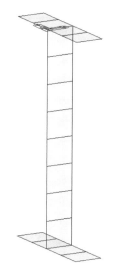

图 1.4-8　移动复制

得出第一列翼缘和腹板相关的壳元后，继续通过"移动复制"的命令沿着跨度方向生成其余的壳元（图 1.4-9）。

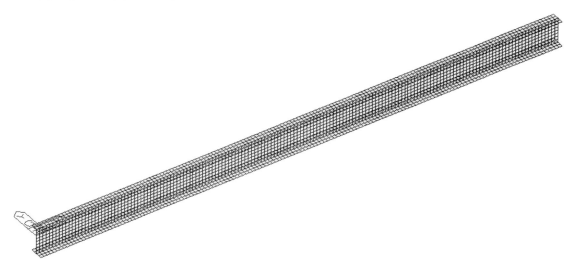

图 1.4-9　生成其余壳元

在图 1.4-9 的基础上，为了方便我们后续查看规律有序的壳单元计算结果，我们需要对壳单元的局部坐标轴方向进行统一（图 1.4-10）。

至此，我们完成了壳单元的几何模型的创建。

2. 边界约束

此案例我们通过对下翼缘边节点施加支座约束的方式来模拟简支梁杆单元的受力（图 1.4-11）。

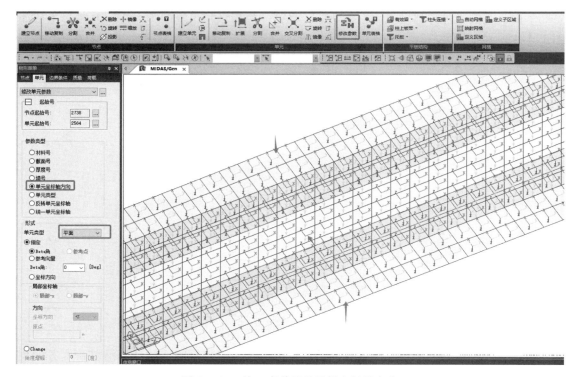

图 1.4-10　统一壳单元的局部坐标轴方向

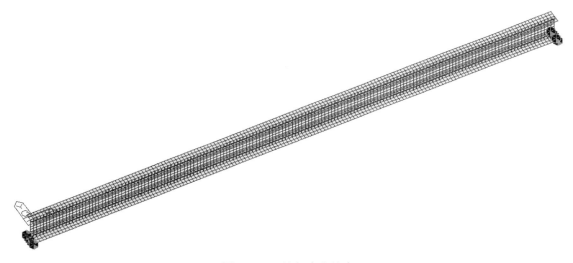

图 1.4-11　施加支座约束

3. 加载

壳单元的加载方式和梁单元不同。下面我们先结合第 1.3.1 节提供的荷载数据进行转换，将线荷载转化成作用在梁上翼缘的面荷载。

简支梁总的荷载：$10 \times 8 = 80 \mathrm{kN}$

简支梁上翼缘沿着跨度方向总面积：$0.2 \times 8 = 1.6 \mathrm{m}^2$

简支梁上翼缘承担面荷载：$\dfrac{80}{1.6}=50\text{kPa}$

至此，面荷载的计算已经完成，下面是加载环节。荷载的添加大致分两大步：定义荷载工况→添加荷载。定义荷载工况查阅第 1.3.3 节中加载部分相关内容，我们介绍添加荷载。

本案例属于壳单元，选择压力荷载加载即可（图 1.4-12）。

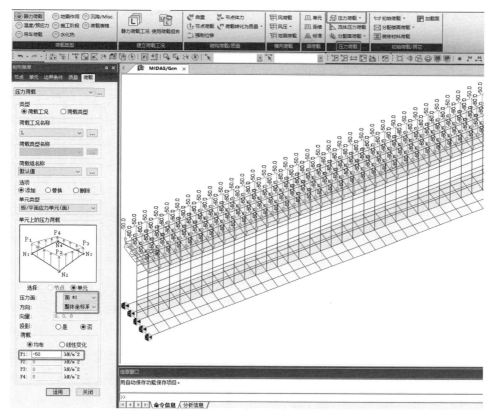

图 1.4-12　选择压力荷载加载

此处，壳单元荷载的施加环节，需要提醒读者朋友在实际项目中经常遇到的一个问题就是施加荷载单元的选择，比如本案例如何快速地选择上翼缘相关的壳元是需要技巧的。选择方法很多，但是有速度和质量的差别，这里我们推荐读者按平面不同坐标选择的方法（图 1.4-13）。

4. 运行分析

此部分内容同第 1.3.3 节运行分析的内容。

5. 后处理

后处理分内力和变形相关的"结果"菜单与构件层面的"设计"菜单。此案例我们仍然重点关注"结果"

图 1.4-13　按平面不同坐标选择

菜单的内容。

此部分我们在第 1.4.4 节详细介绍。

1.4.4　Gen 软件结果解读

1. 支座反力

选择"结果"→"反力"。

选择好对应工况（本例活荷载 L 工况），输出如图 1.4-14 所示的内容。

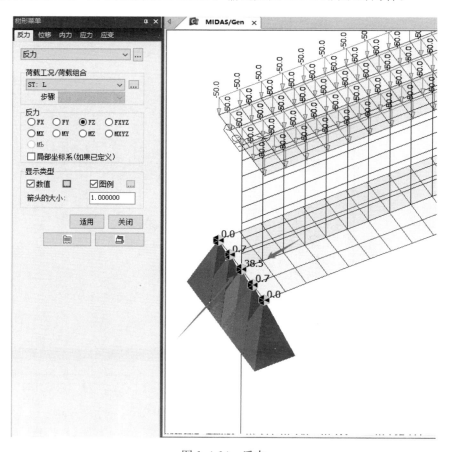

图 1.4-14　反力

由第 1.3.2 节概念设计的环节可以知道，壳单元模拟的支座反力和结构力学的理论方法计算的支座反力基本一致。

这里，提醒读者要从壳元的维度去感受力的传递。从图 1.4-14 中可以看到，上翼缘的荷载通过腹板传递到支座的过程。

2. 变形

选择"结果"→"位移"→"位移等值线"。

此处，读者会发现和第 1.3.4 节不同，我们将变形指标放在了其余内力相关指标的前面。这主要是想告诉读者，实际项目千差万别，越是复杂的结构或节点，在进入细致的内力、应力层面的解读前，一定要先从宏观角度判断结构或节点计算的合理性。

比如，本案例采用壳元模拟工字钢梁，变形与杆单元理论计算基本一致的情况下，再去解读其他内力、应力的指标才有意义。

竖向位移见图 1.4-15。

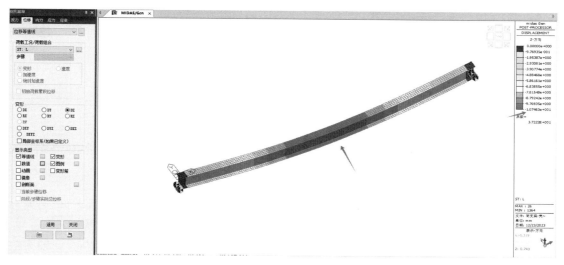

图 1.4-15　竖向位移

从图 1.4.4-2 中可以看出，跨中最大变形为 10.75mm，与第 1.3.2 节中的计算结果基本一致。这说明，前处理中关于模型的假定与理论相符。如果仔细观察，会发现壳元的计算结果比杆单元略小一些，读者可以思考体会一维杆件和二维平面壳元的差别。

3. 内力

选择"结果"→"内力"→"板单元内力图"。

在实际钢结构项目中，更多关注的是壳单元应力层面的内容，建议读者在内力层面以宏观判断内力的合理性为主。因为此案例是对梁单元的壳元模拟，我们关注的是弯矩从跨中到两端逐渐减小的过程、剪力从两端到跨中逐渐减小的过程。结合壳单元的局部坐标，我们关注翼缘 Fyy（图 1.4-16）的轴力和腹板 Fxy 的剪力（图 1.4-17）。

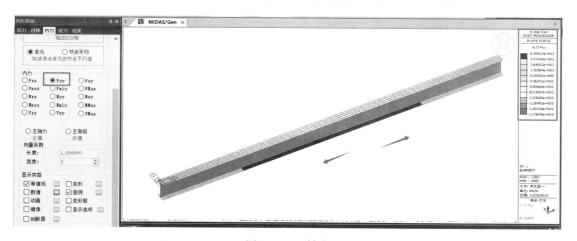

图 1.4-16　轴力

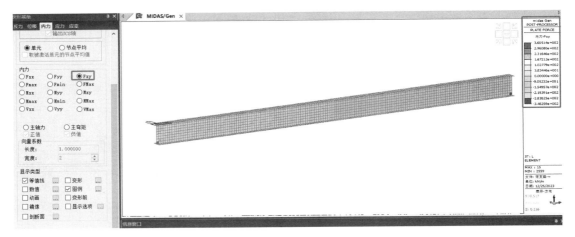

图 1.4-17　剪力

　　读者可以从图 1.4-16 中右侧图例体会模型中弯矩产生的上、下翼缘的轴力，上翼缘为压力，下翼缘为拉力，同时可以看到轴力数值从中间向两边逐渐减小的过程。

　　读者可以从图 1.4-17 中右侧图例体会模型中腹板范围的剪力，同时可以看到轴力数值从中间向两边逐渐增大的过程。另外，因为两端支座的模拟，会产生应力集中。

　　注：壳单元的内力查看内容比较丰富，为了后续章节更好地理解其他结构壳单元的内力，我们把与软件中壳单元相关的符号意义进行如下的摘录（打开壳单元的局部坐标轴对比理解），便于读者后续查阅（菜单如图 1.4-18 所示）。

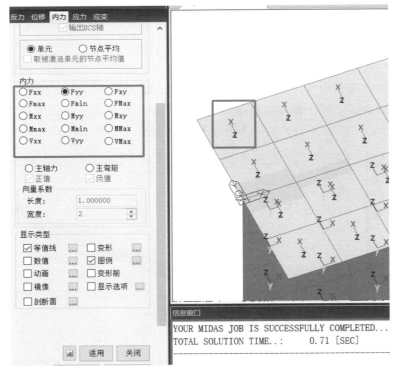

图 1.4-18　内力

内力输出方式

单元：分别输出各单元的节点内力（单位宽度的内力）。

节点平均：使用"绕节点平均法"计算各节点的内力和应力值，即取各单元在共享节点的平均值。

Fxx：作用在与局部坐标系或用户坐标系 x 轴垂直平面内，单元局部坐标系或用户坐标系 x 轴方向上单位宽度轴力。

Fyy：作用在与局部坐标系或用户坐标系 y 轴垂直平面内，单元局部坐标系或用户坐标系 y 轴方向上单位宽度轴力。

Fxy：单元局部坐标系或用户坐标系的 x-y 平面内（平面内受剪）单位宽度剪力（Fxy＝Fyx）。

Fmax：单位宽度最大主轴力。

Fmin：单位宽度最小主轴力。

FMax：单位宽度绝对值最大的轴力。

Mxx：作用在与局部坐标系或用户坐标系 x 轴垂直平面内，绕 y 轴旋转的单位宽度弯矩（绕局部坐标系 y 轴的平面外弯矩）。即在单元坐标系或者用户坐标系 xy 平面内，使板单元绕 y 轴旋转的弯矩。

Myy：作用在与局部坐标系或用户坐标系 y 轴垂直平面内，绕 x 轴旋转的单位宽度弯矩（绕局部坐标系 x 轴的平面外弯矩）。即在单元坐标系或者用户坐标系 xy 平面内，使板单元绕 x 轴旋转的弯矩。

Mxy：作用在与局部坐标系或用户坐标系 x 轴垂直平面内，绕 x 轴旋转的单位宽度扭矩（Mxy＝Myx）。

Mmax：单位宽度的最大主弯矩。

Mmin：单位宽度的最大小弯矩。

MMax：单位宽度的绝对值最大的弯矩（Mmax 和 Mmin 中的较大值）。

Vxx：作用在与局部坐标系或用户坐标系 x 轴垂直平面内，沿单元局部坐标系或用户坐标系 z 轴（厚度）方向上单位宽度的剪力。

Vyy：作用在与局部坐标系或用户坐标系 y 轴垂直平面内，沿单元局部坐标系或用户坐标系 z 轴（厚度）方向上单位宽度的剪力。

VMax：单位宽度的绝对值最大的弯矩（Vxx 和 Vyy 中的较大值）。

Fvector：在板单元中心处表示最大和最小主轴力的方向（向量）及最大最小值。

Mvector：在板单元中心处表示最大和最小主弯矩的方向（向量）及最大最小值。

4. 应力

选择"结果"→"应力"→"板单元应力图"。

板单元应力是实际项目中经常关注的区域。特别是对于钢结构来说，板单元应力和钢材强度形成鲜明对比，设计师往往第一时间可以知道材料的利用程度。

本案例重点关注弯矩引起的翼缘部分的板单元应力 Sig-yy（图 1.4-19）和剪力引起的腹板部分的板单元应力。

在图 1.4-19 中，可以看出弯矩引起的翼缘部分的应力变化趋势，上翼缘受压，下翼缘受拉；从中间到两端，应力逐渐减小。这些都印证了计算分析的合理性。放大跨中部分的应力，发现最大拉压应力大约为 60MPa，比理论计算偏低一些，在工程误差的许可范围内。

在图 1.4-20 中，可以看出剪力引起的腹板部分的剪应力的变化趋势，从中间到两端，剪应力逐渐减小；放大端部的应力，发现最大剪应力平均值大约为 15MPa，与理论接近。但是，由于壳元支座模拟的关系，出现了应力集中。

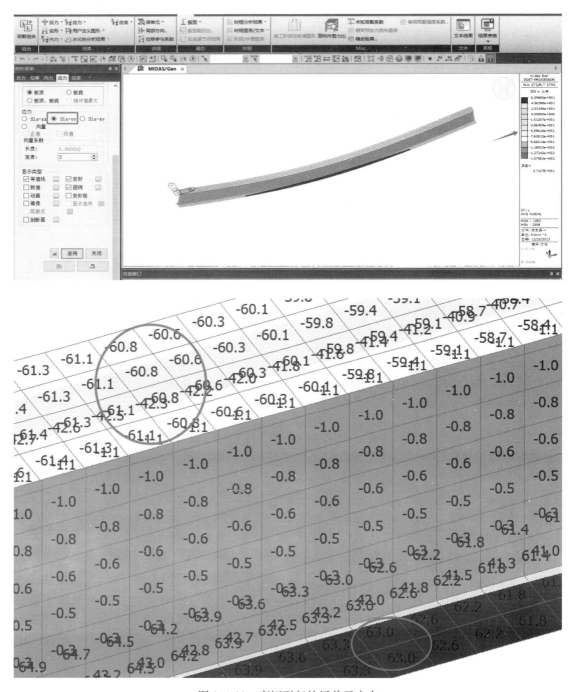

图 1.4-19　弯矩引起的板单元应力

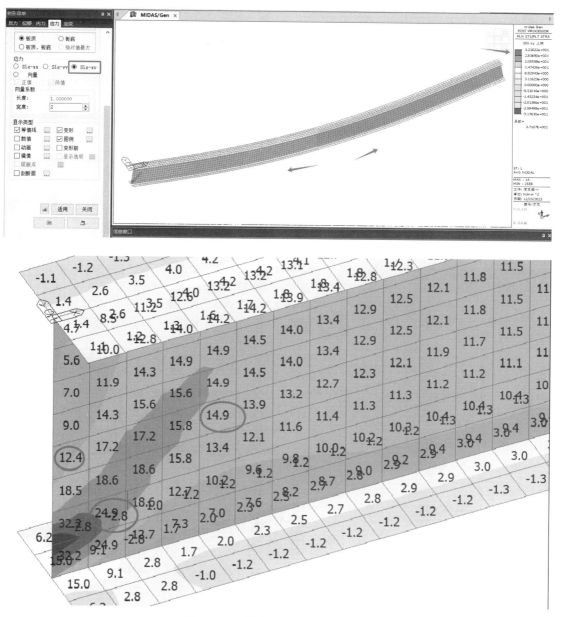

图 1.4-20　剪力引起的板单元应力

注：壳单元的应力查看内容比较丰富，为了后续章节更好地理解其他结构壳单元的应力，我们把软件中与壳单元相关的符号意义进行如下的摘录（打开壳单元的局部坐标轴对比理解），便于读者后续查阅（图 1.4-21）。

应力选项

单元：用单元各节点的应力显示等值线。

节点平均：用共享节点的各单元在共享节点位置的平均节点应力显示等值线。

板顶：显示板单元顶面处的应力。顶面指单元局部坐标系 z 方向最上边缘处。

图 1.4-21　应力查看菜单

板底：显示板单元底面处的应力。底面指单元局部坐标系 z 方向最下边缘处。

板顶、板底：同时显示顶面和底面处的应力。板单元厚度方向的应力按线性内插取得。

绝对值最大：仅显示顶面和底面处的应力的最大绝对值。

在下列各项中选择应力分量：

在整体坐标系中

Sig-XX：整体坐标系 X 轴方向的轴向应力。

Sig-YY：整体坐标系 Y 轴方向的轴向应力。

Sig-ZZ：整体坐标系 Z 轴方向的轴向应力。

Sig-XY：整体坐标系 X-Y 平面内的剪应力。

Sig-YZ：整体坐标系 Y-Z 平面内的剪应力。

Sig-XZ：整体坐标系 X-Z 平面内的剪应力。

Sig-Max：最大主应力。

Sig-Min：最小主应力。

Sig-EFF：有效应力（von Mises 应力）。

在单元坐标系中

Sig-xx：在单元局部坐标系 x 方向的轴向应力（垂直于局部坐标系 y-z 平面）。

Sig-yy：在单元局部坐标系 y 方向的轴向应力（垂直于局部坐标系 x-z 平面）。

Sig-xy：单元局部坐标系 x-y 平面内的剪应力（平面内剪应力）。

Vector：用矢量显示最大和最小主应力。

向量系数：矢量图的绘制比例。

至此，壳单元的计算结果解读完毕。

关于本案例全流程操作，请点击查看视频 1.4.4（共 3 个）。

视频 1.4.4-1

简支梁入门 Gen 壳单元操作（上）

视频 1.4.4-2

简支梁入门 Gen 壳单元操作（中）

视频 1.4.4-3

简支梁入门 Gen 壳单元操作（下）

1.4.5　案例思路拓展

实际项目中，读者要学会举一反三、总结提炼、延伸拓展。通过一个项目，达到会做一类项目的目的。比如，此案例是针对壳元的简支梁计算。实际项目中，钢梁经常遇到开洞的情况，设计师一般会通过构造措施加强。但是，有时开洞位置和尺寸不一定符合构造要求，这时有限元分析往往成为有效的补充手段。

图 1.4-22 是在简支梁基础上实际项目设置加劲肋的情况。靠近支座的两端开洞，一个洞口设置加劲肋，一个洞口未设置加劲肋；同时，一侧支座设置加劲肋，一侧支座未设置加劲肋。我们通过对比两侧的 von Mises 应力，来观察加劲肋设置的效果。

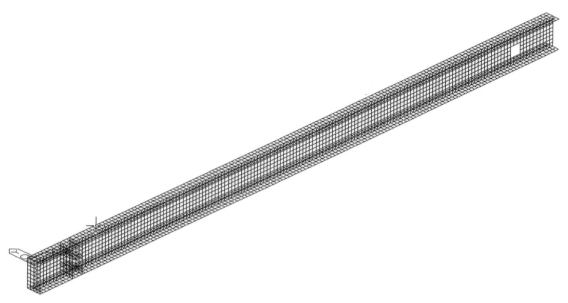

图 1.4-22　设置加劲肋

　　图 1.4-23 是计算结果，读者可以自己体会加劲肋的增强效果。此思路在实际项目中可以经常拿去使用，先从概念上出发解决问题，再通过有限元软件计算，最终论证解决问题。

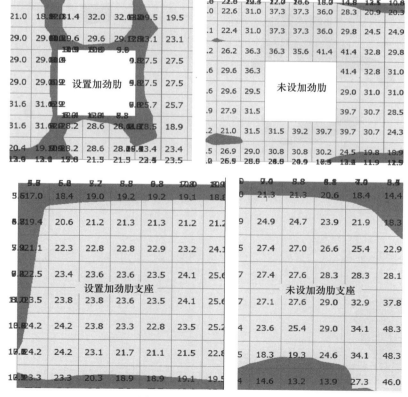

图 1.4-23　计算结果对比

由图 1.4-23 可以看出，无论是洞口还是支座，通过加劲肋的设置，都可以有效地缓解应力集中。

1.5　本章小结

本章是 Gen 有限元入门章节，新手读者务必结合案例亲自操作体验一遍。有限元软件的魅力不在于计算数值的精确度，实际上从工程应用的角度，追求数值的精确度意义不大。读者应重点关注的是概念设计＋软件论证的思路，这样才能体会到做设计的乐趣。

第**2**章
悬挑大雨篷结构计算分析

2.1 悬挑大雨篷结构案例背景

2.1.1 初识雨篷

雨篷（图 2.1-1）是建筑中经常遇到的一类悬臂结构构件，从建筑使用的角度看，更多是从主体结构外伸一部分距离，用来挡雨，从受力的角度看，属于悬臂构件的范畴。随着悬挑长度的增加，延伸出越来越多的形式（参见第 2.2 节概念设计部分的介绍）。

图 2.1-1　雨篷

这里，我们把雨篷案例作为一个章节。一方面，考虑到读者学习 midas Gen 需要一个循序渐进的过程；另一方面，考虑到实际项目中雨篷是一个极其容易发生事故的结构，尤其是南方的风、北方的雪，经常导致雨篷结构垮塌事故（图 2.1-2）。

2.1.2 案例背景

本案例系根据某实际项目改编而成。

基本项目信息：北京某商务中心写字楼，结构形式为框架-剪力墙结构，在首层大堂入口处，要做一个悬挑长度为 10m 的钢结构雨篷，结构层高为 4.2m。

图 2.1-3 为主体结构相关范围截面尺寸信息，填充区域为悬挑雨篷设计范畴。

图 2.1-2　雨篷结构垮塌

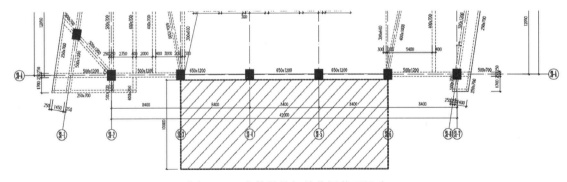

图 2.1-3　主体结构相关范围截面尺寸

2.2　悬挑大雨篷结构概念设计

2.2.1　雨篷结构的本质

在进行案例实际操作前，概念设计是非常重要的一个环节。没有概念设计，结构实际操作就像无头苍蝇一样，没有目标，最坏的结果为软件指导设计。

雨篷本质上就是一个悬臂类的结构，它的特点是支座少、冗余度低，这也是实际项目中遇到极端天气易发生事故的重要原因。基于此，结构设计师应从本质出发，尽可能多地加强它的安全冗余度。

从雨篷悬挑长度来说，它直接决定了结构的选型。一般有以下结构设计经验供读者参考：悬挑长度在 2.5m 以内，建议采用实腹式杆件直挑；悬挑长度在 2.5～5m 之间，建议采取格构式杆件（如悬臂桁架等）直挑或实腹式杆件加拉杆形式；悬挑长度在 5～10m 之间，建议采取实腹式杆件加拉杆形式。

这里要说明的是，读者不要被过去的经验所束缚。随着科技的进步，结构思维也需要不断更新。比如，复杂的雨篷也可以根据情况，考虑采用预应力或者空间结构加拉杆的组合等。

2.2.2　雨篷结构选型

任何一个项目，都需要在参考过去经验的基础上，结合实际项目情况进行具体分析。例如本项目，悬挑跨度达到 10m，有经验的结构工程师会首选实腹式钢梁加拉压杆的形式。这里，需注意的是拉压杆，因为要考虑雨篷在风吸荷载作用下杆件由拉变为压的情况。

我们建议读者在方案阶段可以进行试算比选。比如，从纯悬臂实腹式构件开始算起，过渡到格构式的桁架，再过渡到带拉压杆的实腹式构件。这样，既可以作为说服建筑专业和甲方的依据，又可以积累自己的实战经验。

本案例我们用实际项目中最常用的实腹式构件加拉压杆的形式，来进行软件的操作解读。

2.2.3　雨篷结构荷载统计

雨篷结构需要考虑的荷载有：恒荷载、活荷载、雪荷载、风荷载、温度作用、竖向地震作用，读者可以根据自己实际项目进行具体计算。本案例汇总如下。

恒荷载 D：1kPa（考虑玻璃、龙骨的质量）；

活荷载 L1、雪荷载取大：0.5kPa（注意：雪荷载控制的地区建议进行放大处理，比如东北地区）；

风荷载 W1：8.4m，B 类，$w=1.7\times(-2)\times1\times0.45=-1.53$kPa；

温度 T：基准温度 18℃，最高 36℃，最低−13℃；升温 18℃，降温−31℃。

实际项目中，读者必须从概念的角度确定所在区域的控制荷载，在后续分析中重点关注。也可以根据需求增加一些其他荷载（如检修荷载、地震作用等）。

2.3　悬挑大雨篷结构 Gen 软件实际操作

1. 建模

此类结构的建模，我们仍然从定义材料特性、几何截面和几何建模三大步骤进行。

1）材料特性

雨篷钢结构材料建议采用 Q355 材质（主要考虑 Q355 和 Q235 的市场价一般差别不大，充分利用 Q355 的材料强度，挠度通过拉杆解决）。

主要操作：菜单"特性"→"材料特性值"（图 2.3-1）。

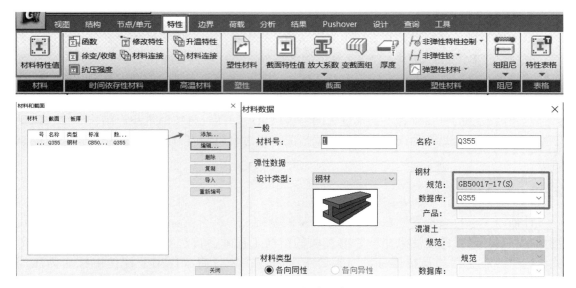

图 2.3-1 材料特性值

2）几何截面

主要钢梁截面尺寸初步估算可以取悬挑长度的 1/20，次梁根据间距高度一般控制在 400mm，次龙骨高度一般控制在 250mm 左右，尽量选择 H 型钢。拉杆一般可以考虑圆管，初选截面可以按长细比进行控制。截面尺寸如图 2.3-2 所示。

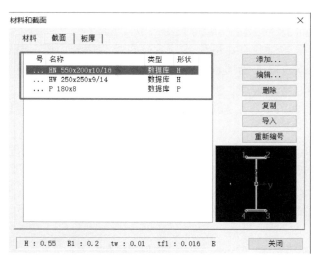

图 2.3-2 截面尺寸

这里需要提醒读者，建模阶段不必追求杆件截面的准确性，就是所谓的应力比的控制。我们在把整体指标控制住的情况下，杆件一般不会差太多，第一次建模只需要按经验输入即可。

3）几何建模

模型创建方法很多，整体上分为外部导入和内部自建两大类。外部导入主要是犀牛

（Rhino）参数化建模和 CAD 线模导入。考虑到读者刚接触 Gen，我们用内部自建的方法，提高读者对 Gen 操作的熟练度。后续其他案例，我们介绍与外部导入相关的方法。

内部自建模型方法的主要优点是思路清晰。大体思路是主杆件、次龙骨、拉压杆逐一进行。

首先，是主杆件。先定义原点（0，0，0），再通过扩展单元—点拉伸的方法，生成第一榀主杆件；然后，利用复制的方法生成剩余三榀主杆件，如图 2.3-3 所示。

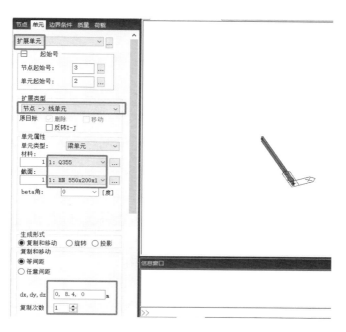

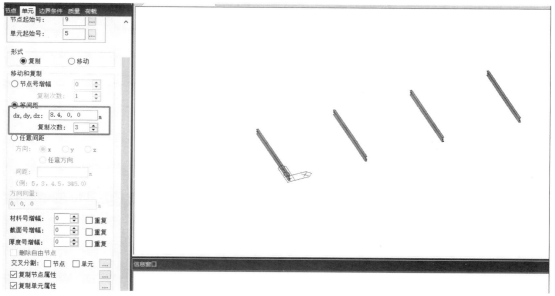

图 2.3-3　主杆件

接着，在杆件的基础上定义次梁。次梁需要结构工程师根据建筑的需求，进行玻璃网格的划分，建议网格控制在 2.5m 左右。将主梁四等分，连接生成次梁，如图 2.3-4 所示。

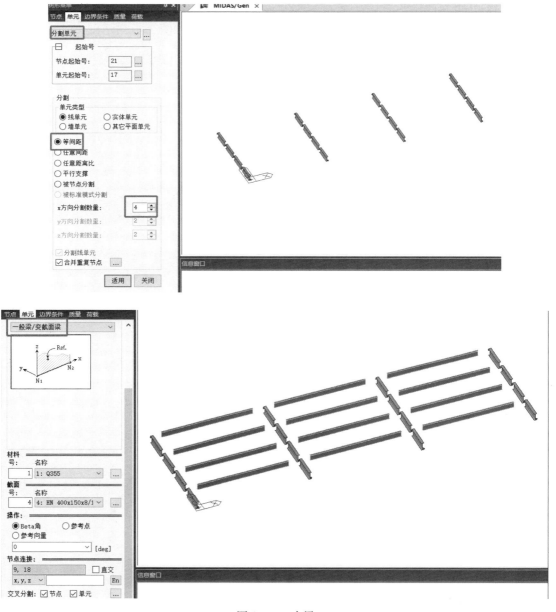

图 2.3-4 次梁

下一步，我们在次梁上继续分割建立次龙骨。同样，根据玻璃网格大小和跨度，将次梁分为四等分，建立次龙骨，如图 2.3-5 所示。

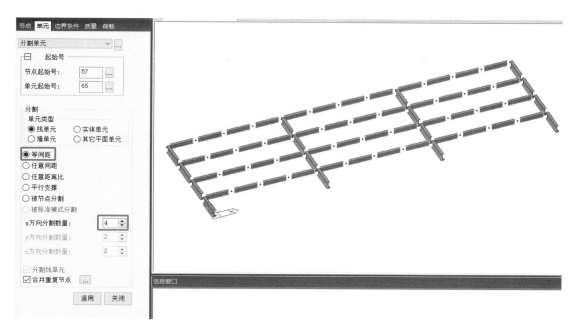

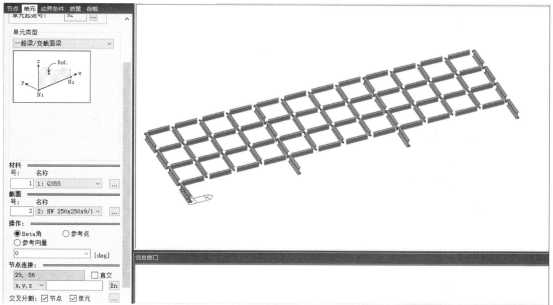

图 2.3-5　次龙骨

　　最后,我们建立拉压杆。这里,主要注意的是角度问题。理想的拉压杆角度是 45°,但是受制于实际项目的建筑条件约束,很难做到理想的角度,故推荐读者角度控制在30°~60°之间即可。本案例的拉压杆设置,如图 2.3-6 所示。

　　到此为止,主体模型搭建完毕!

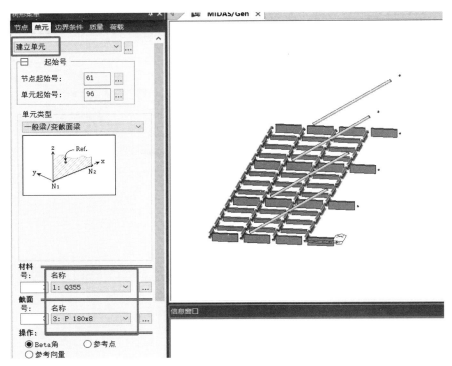

图 2.3-6　拉压杆设置

2. 边界约束

雨篷结构一般依附于主体结构。需要根据主体结构的情况，确定雨篷结构的支座约束情况。比如，混凝土梁柱在截面尺寸比较富余的情况下，可以考虑固结约束，这时要留意预埋件的设计。如果是钢结构为主体结构，建议考虑铰接约束，最大限度地避免钢梁受扭的问题。本案例中，我们以限制平动约束为主，即采用铰接约束（图 2.3-7）。

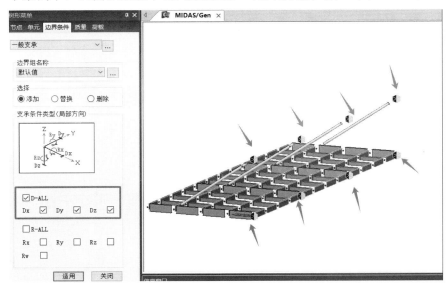

图 2.3-7　铰接约束

　　结构的外部约束定义完毕，我们进一步释放结构内部的约束，主要是次龙骨的铰接、次梁的铰接、拉压杆的铰接，如图 2.3-8 所示。

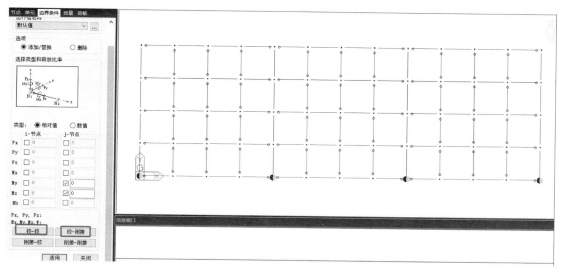

图 2.3-8　内部约束

3. 加载

1）荷载工况

定义荷载添加前，需要定义荷载工况，如图 2.3-9 所示。

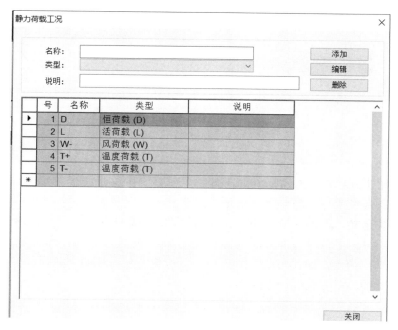

图 2.3-9　定义荷载工况

2）自重

所有结构客观存在的属性，如图 2.3-10 所示。

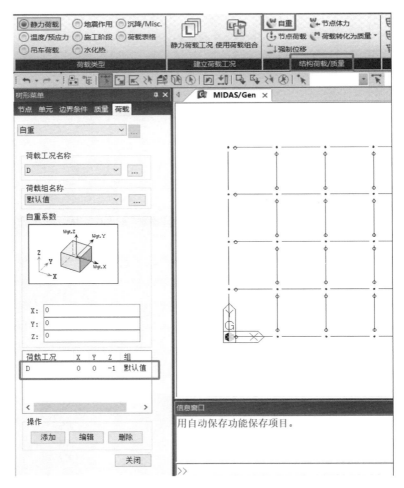

图 2.3-10　自重

3）楼面导荷载添加荷载

本案例介绍实际项目中经常用到的一种导荷载方法，即通过楼面导荷载的方法。这里注意，楼面并不是真实存在的楼面，只是导荷载的一个媒介而已。

楼面导荷载定义，如图 2.3-11 所示。读者只需要按要求，把楼板区域需要添加的荷载工况填进去即可。正负号与添加时所选的坐标轴有关系。比如，图 2.3-11 中计划用整体坐标系 Z 轴来作为主方向，因此，恒荷载、活荷载、风荷载的方向就以 Z 轴为基准来判断正负号。

定义完楼面荷载，下一步就是添加荷载的问题，对话框如图 2.3-12 所示。此项目是单向导荷载，为了节省时间，读者不要勾选"不考虑内部单元的面积"选项。

图 2.3-11　楼面导荷载

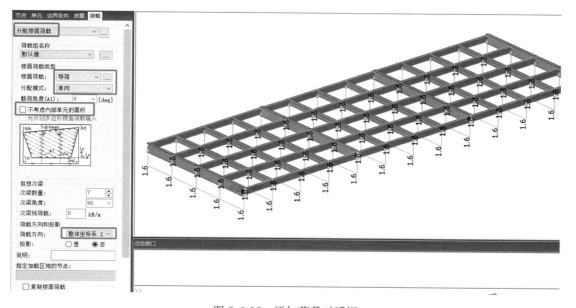

图 2.3-12　添加荷载对话框

注：楼面分配荷载功能在实际项目中的应用十分广泛，建议读者掌握。下面，我们摘录一些与此功能相关的说明，方便后续查阅。

- 分配模式：选择荷载的分配方式。

单向：按单向板分配。

双向：按双向板分配。

多边形-面积：按多边形重心与各边组成的三角形的面积与总面积的比分配。

多边形-长度：按多边形各边长与总周长的比分配。

- 荷载方向和投影

选择楼面荷载的作用方向和投影选项。

输入加载区域时，同时自动确定了加载区域的局部坐标系，即从第一点到第二点的方向为平面的局部坐标系 x 轴。旋转方向按选择的节点次序。按右手法则和旋转方向，决定局部坐标系的 z 轴方向。在第一角点处，垂直于 x 轴和 z 轴的方向为 y 轴方向。

局部坐标系 x：楼面荷载作用在楼板局部坐标系的 x 轴方向。

局部坐标系 y：楼面荷载作用在楼板局部坐标系的 y 轴方向。

局部坐标系 z：楼面荷载作用在楼板局部坐标系的 z 轴方向。

整体坐标系 X：楼面荷载作用在整体坐标系的 X 轴方向。

整体坐标系 Y：楼面荷载作用在整体坐标系的 Y 轴方向。

整体坐标系 Z：楼面荷载作用在整体坐标系的 Z 轴方向。

- 转换为梁单元荷载（一般不勾选）

当需要改变楼面荷载大小时，只需要修改楼面荷载类型的值即可，程序自动地将修改后的楼面荷载作用到模型上。然而，如果已选择转换为梁荷载类型，则修改楼面荷载类型的值将不起作用。此时，必须直接修改作用到梁单元上的荷载。

4）添加温度作用

我们考虑结构在室外一个系统中的温度变化来模拟温度作用，不考虑杆件的温度梯度，如图 2.3-13 所示。

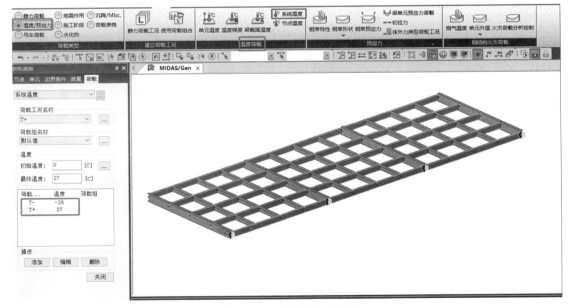

图 2.3-13　添加温度作用

5）荷载检查

这里，我们提醒读者学会用树形菜单检查各工况下输入荷载的准确性，如图 2.3-14～图 2.3-16 所示。

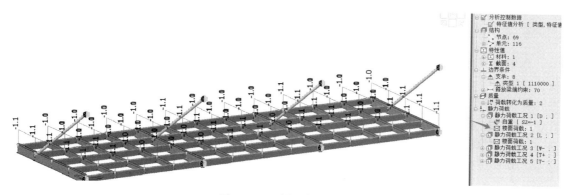

图 2.3-14　树形菜单之一

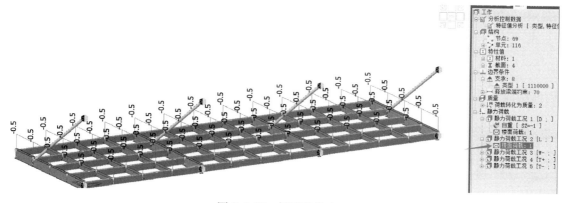

图 2.3-15　树形菜单之二

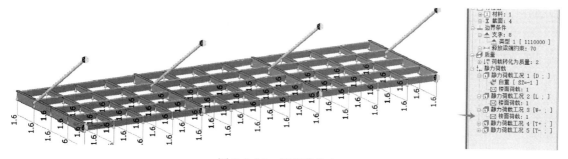

图 2.3-16　树形菜单之三

4. 运行分析

运行分析中，一般分三步走：主控数据设置→分析控制→运行计算（图 2.3-17）。

图 2.3-17　运行分析

本案例可以在分析控制中进行特征值设置，考虑适当的振型数（主要后期检查是否为机构，同时考虑实际中玻璃面板面内刚度的作用，在结构类型中进行 Z 向转动约束）等。

5. 后处理

后处理分内力和变形相关的"结果"菜单与构件层面的"设计"菜单。

"结果"查看（图 2.3-18）是设计师用 Gen 进行结构分析应该重点关注的部分，也是有限元软件进行分析的目的所在，此部分我们在第 2.4 节详细介绍。

图 2.3-18　"结果"查看

"设计"菜单（图 2.3-19）在本案例中也是重点查看的部分。实际项目中，悬挑雨篷构件层面的设计经常会用 Gen 进行复核，此部分我们将在第 2.4 节详细介绍。

图 2.3-19　"设计"菜单

2.4　悬挑大雨篷结构 Gen 软件结果解读

1. 周期与振型

选择"结果表格"→"周期与振型"。

首先，要思考为何要看周期与振型。任何结构，周期与振型是它的固有属性，与外力无关。通过查看周期与振型，读者最直观的感受是可以发现它的刚度是否合理、是否出现机构。本案例重点关注是否出现机构（图 2.4-1）。

从图 2.4-1 不难看出，结构周期基本在 0.5s 以内，一般对于悬挑类的钢结构，结构周期控制在 0.8s 以内；否则，刚度偏弱，需要增加刚度。

另外，可以确认结构没有出现机构，否则周期会显示异常。在此基础上，去查看其他指标才有意义。

读者可以进一步通过"振型"→"振型形状"来查看结构的变形动画（图 2.4-2）。

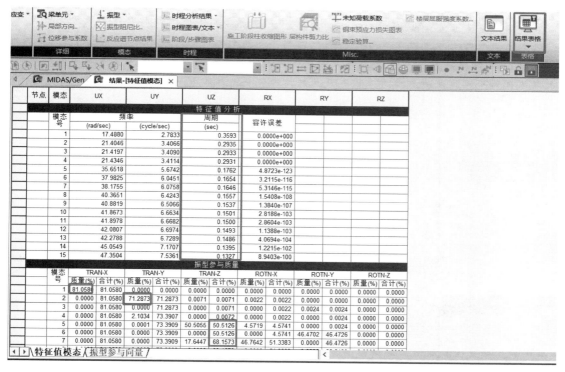

图 2.4-1　周期与振型

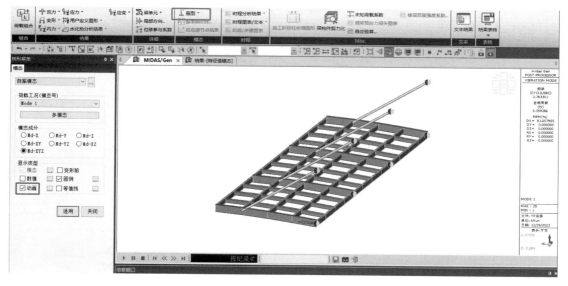

图 2.4-2　结构变形动画

2. 支座反力

选择"结果"→"反力"。

本案例支座反力的查看主要有两方面的作用，一是查看各工况下荷载的准确性，尤其是恒荷载和活荷载（图 2.4-3），这是雨篷正常使用的底线。另外，还需要关注风吸力下的

支座反力来推断风荷载（图 2.4-4）输入的准确性，这是确保雨篷在极端风荷载情况下的
安全。

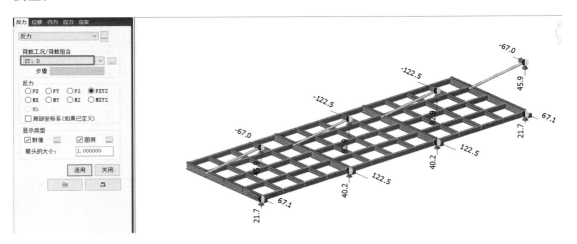

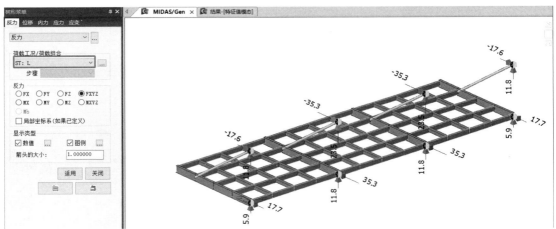

图 2.4-3　恒荷载和活荷载

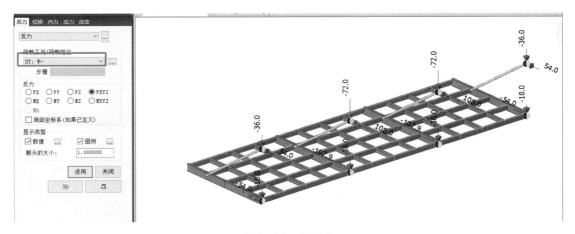

图 2.4-4　风荷载

这里需要提醒读者，上面对荷载的复核建议按单工况进行，便于手算统计。

支座反力的另一个重要作用是对支座的设计。在上面复核各工况准确无误的情况下，可以根据各工况下的反力进行荷载组合，通过其他软件进行预埋件的设计。

3. 荷载组合

选择"结果"→"组合"。

荷载组合的定义与传统的国内软件不一样，是有限元分析运行完毕之后定义的。这里，也可以看出有限元软件计算的灵活性。因为计算分析对应的是荷载工况，荷载组合是人为查看相应规范指标和构件设计而存在的。

本案例带领读者初步熟悉一下荷载组合（图 2.4-5）。需要重点注意的地方是选择规范时，一定要留意新规范的更新，这会影响到组合值的系数。

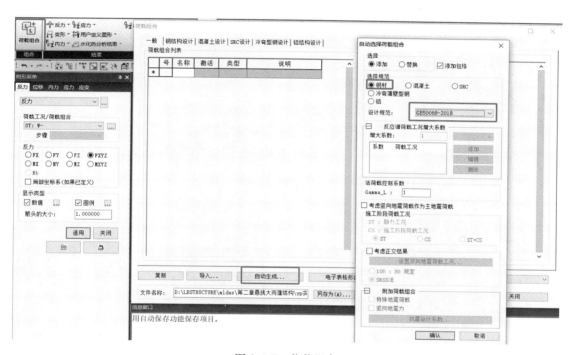

图 2.4-5　荷载组合

自动生成完毕后，读者会看到图 2.4-6 的内容。特别要留意图片右侧的框选部分，初识 Gen 的读者可以核对一下它的荷载工况系数是否与规范相一致；如果是一些有特殊需求的读者，可以在此基础上进行新的荷载组合定义。

比如，我们可以定义图 2.4-7 所示的标准组合，用来查看变形相关的指标。

4. 变形

选择"结果"→"变形"→"位移等值线"。

在此案例中，变形是设计师重点关注的一个指标。悬挑类的结构如果变形过大，容易影响使用。在满足规范的前提下，建议尽可能把端部变形控制得小一些。

图 2.4-8 是 D+L 标准组合下的位移值等值线，可以看到：位移最大点和结构布置预期一样（注意主次梁的布置不同，位移最大点出现的位置不一样）。

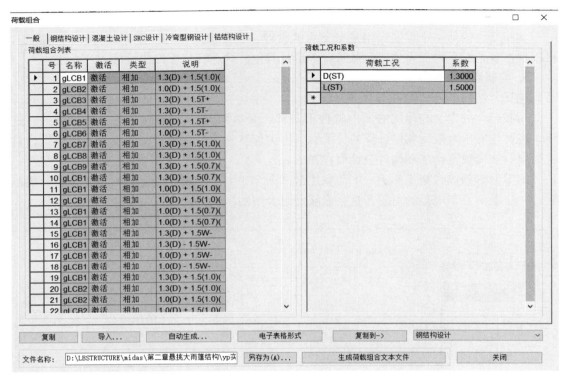

图 2.4-6　自动生成完毕

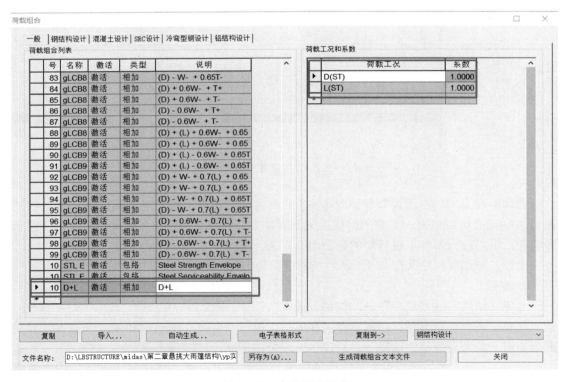

图 2.4-7　定义标准组合

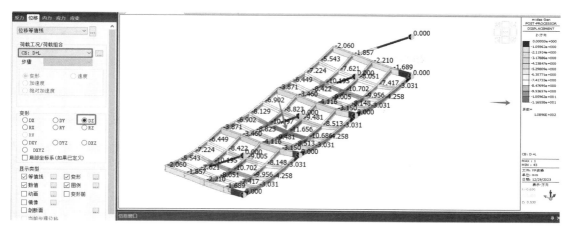

图 2.4-8　标准组合下的位移值等值线

同时，读者还可以根据自己的需求去查看认为重要的变形，比如本案例在 D＋W 作用下的变形，如图 2.4-9 所示。

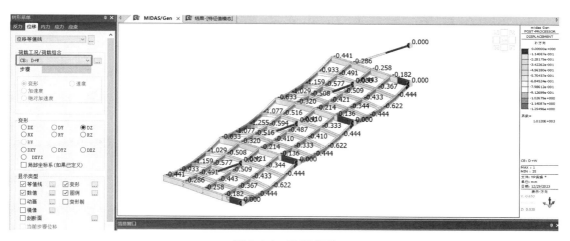

图 2.4-9　重要变形

可以看到，呈现端部大、中间小的趋势。负数意味着在 D＋W 的情况下，不用担心雨篷被"吹起"。通俗地说，恒荷载可以压得住。这些信息在规范中没有明确的指标规定，但是通过有限元软件的量化计算，可以给设计师吃颗定心丸！

5. 内力

选择"结果"→"内力"→"梁单元内力图"。

结构内力的查看建议读者养成从单荷载工况查看的良好习惯，这样便于根据内力图进行力学概念分析，判断其合理性。

首先，是恒载作用的下的内力，重点关注 My、Fz、Fx，如图 2.4-10 所示。

图 2.4-10 中看 My 图，受力形状符合结构力学的分布规律（负弯矩和跨中弯矩的位置），四根主梁弯矩较大，拉压杆的设置也起到了支座的作用，导致了负弯矩的出现。

图 2.4-10 中看 Fz 图，受力形状符合结构力学的分布规律（支座附近的剪力比较大），四根梁剪力较大。

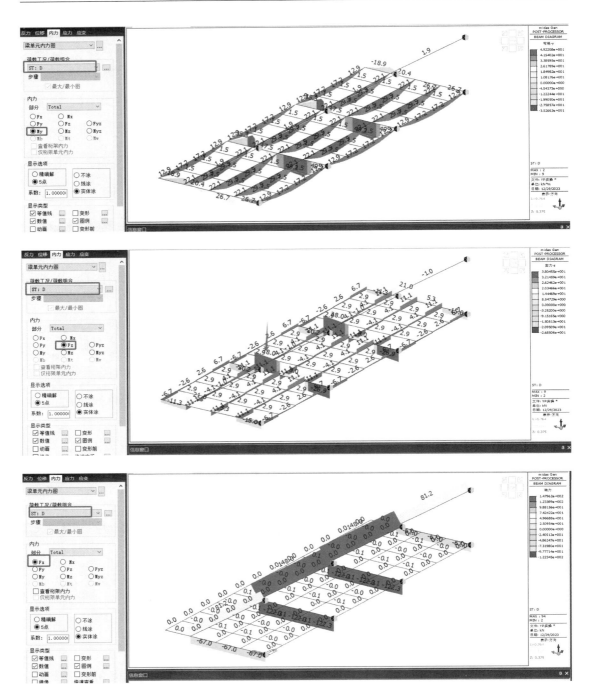

图 2.4-10　*My*、*Fz*、*Fx*

图 2.4-10 中看 *Fx* 图，受力形状符合结构力学的分布规律（拉压杆是典型的轴力构件），拉压杆轴力较大，以拉为主。同时，留意四根主梁存在压力，来平衡拉压杆斜向的拉力。这里的梁不再是传统意义上的受弯构件，而是压弯构件。

再进一步观看各内力下的分布规律，中间的两根主梁及拉压杆受荷面积大，内力自然比两侧主梁及拉压杆大。当实际项目工程量比较大时，也可适当考虑优化设计，前提是截面的差异能够取得建筑的认同。

活荷载工况下的内力分布与恒荷载一样，只是数字大小不同而已，不再赘述。

下面，我们观察风荷载下的内力分布（图 2.4-11）。

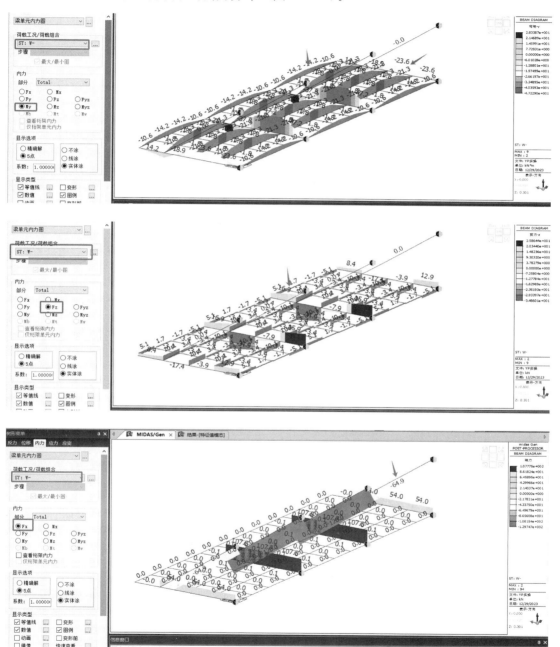

图 2.4-11　风荷载下的内力分布

从图 2.4-11 中可以看出，因为风吸力的方向与恒荷载相反，所以三种内力完全相反。这进一步验证了荷载添加的方向没有问题。

这里要提醒读者朋友，内力查看很重要的一个作用是验证荷载施加的准确性，同时查看结构重要杆件的受力情况。这样，可以在后面的构件设计层面做到有的放矢。

最后，我们再查看温度作用下的内力，升温下的轴力 Fx 如图 2.4-12 所示，降温下的轴力 Fx 如图 2.4-13 所示。

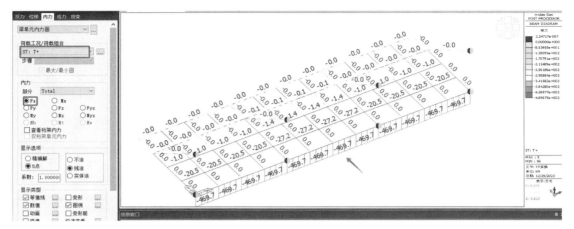

图 2.4-12　升温下的轴力 Fx

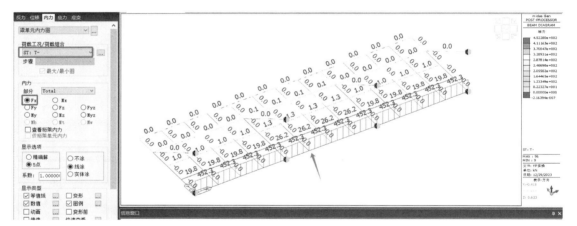

图 2.4-13　降温下的轴力 Fx

由此二图不难看出，升温和降温对结构影响主要体现在轴力上，其他内力读者可以自行查看。升降温遵循热胀冷缩的规律，升温热胀，因为支座的约束，变形受限，支座附近的梁受压。降温冷缩，同样因为支座的约束，变形受限，支座附近的梁受拉。这样，概念分析和图中的数值正负号及杆件最大轴力出现在支座的位置相吻合。

到此为止，"结果"菜单中的后处理相关内容解读完毕，下一步我们转向构件设计。

6. 构件设计

选择"设计"→"钢结构设计"（图 2.4-14）。

图 2.4-14　构件设计

1）荷载组合

进行设计前，我们需要把荷载组合复制到钢结构设计的模块，同时记得对钢结构设计中的标准组合进行设置，如图 2.4-15 所示。

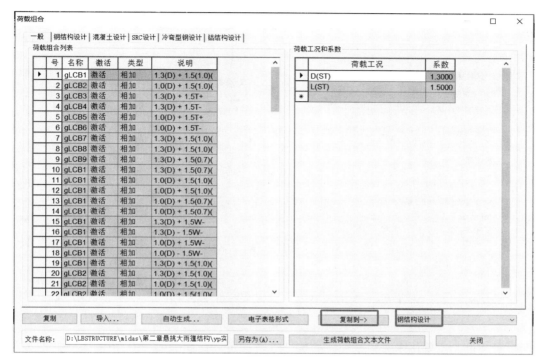

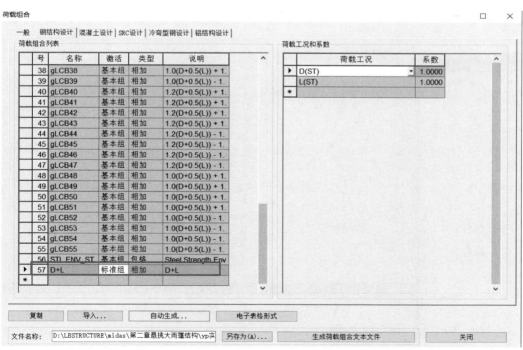

图 2.4-15　设置标准组合

2）通用参数设置

在进行设计前，我们需要对相关参数进行设置。

结构控制参数中，按有侧移考虑，如图 2.4-16 所示。

正常使用状态荷载组合类型记得添加，否则后续无法查看构件挠度，如图 2.4-17 所示。

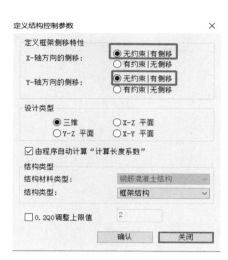

图 2.4-16　按有侧移考虑

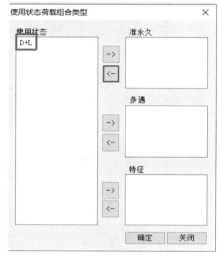

图 2.4-17　添加正常使用状态荷载组合类型

指定构件。主要用来对单根完整的构件进行指定，比如图 2.4-18 中箭头处的四根梁，因为有限元分析的缘故进行打断处理，但实际上它是一根构件进行设计，这时就要进行指定。

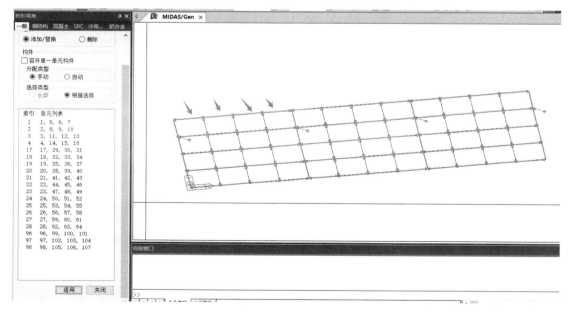

图 2.4-18　指定构件

验算参数，建议杆件按照压弯构件进行设计，如图 2.4-19 所示。

图 2.4-19　验算参数

3）设计结果

前处理相关参数设置完毕后，选中验算杆件，按 F8 快捷键，进行构件设计。

首先，建议读者查看截面验算对话框，对整体的构件验算结果情况有一些了解，如图 2.4-20 所示。

图 2.4-20　截面验算对话框

按构件分类，勾选"连接模型画面"，可以看到杆件在模型中实时跟踪（图 2.4-21）。

通过图形结果，可以查看设计条件、控制内力、设计参数、内力验算和构造验算五大类内容，如图 2.4-22 所示。

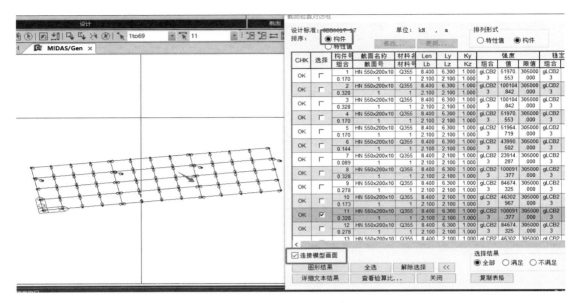

图 2.4-21　实时跟踪

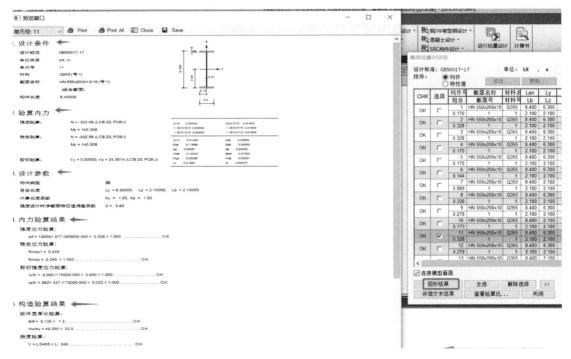

图 2.4-22　查看五大类内容

　　勾选截面对话框中的"详细文本结果"，可以查看构件完整、详细的计算书，如图 2.4-23 所示。

　　最后，附一根重要杆件的详细计算书，建议读者仔细阅读，感受 Gen 计算构件的详细流程。

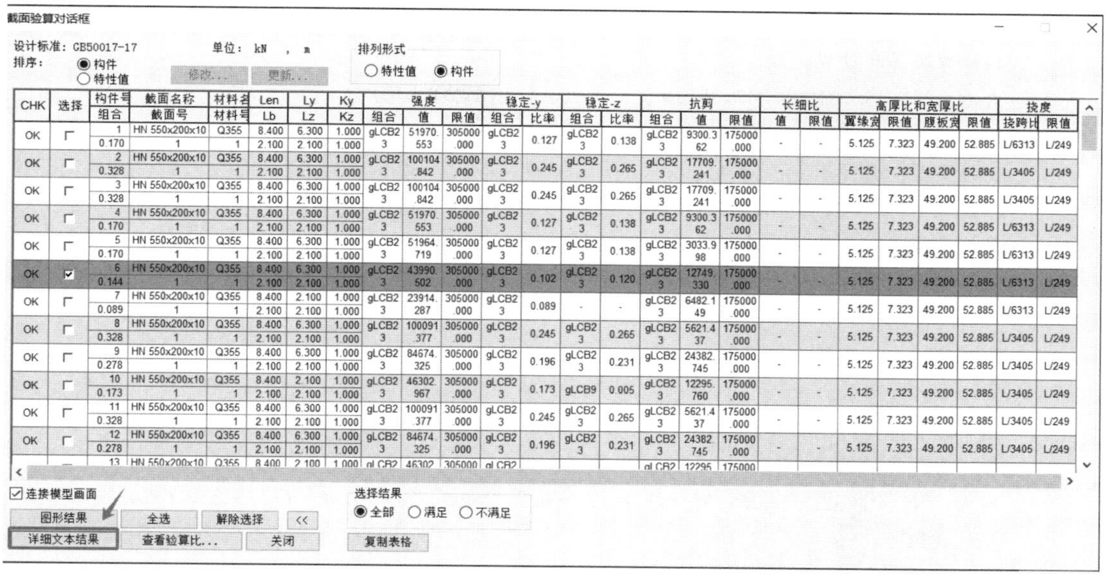

截面验算对话框

设计标准: GB50017-17   单位: kN , m   排列形式
排序: ⊙构件 ○特性值   [修改...] [更新...]   ○特性值 ⊙构件

CHK	选择	构件号 / 组合	截面名称 / 截面号	材料名 / 材料号	Len / Lb	Ly / Lz	Ky / Kz	强度 组合/值/限值	稳定-y 组合/比率	稳定-z 组合/比率	抗剪 组合/值/限值	长细比 值/限值	翼缘宽 / 限值	腹板宽 / 限值	挠度 挠跨比/限值
OK	☐	1 / 0.170	HN 550x200x10 / 1	Q355 / 1	8.400 / 2.100	6.300 / 2.100	1.000 / 1.000	gLCB2 / 51970 553 / 305000 .000	gLCB2 / 0.127	gLCB2 3 / 0.138	gLCB2 / 9300.3 62 / 175000 .000	-	5.125 / 7.323	49.200 / 52.885	L/6313 / L/249
OK	☐	2 / 0.328	HN 550x200x10 / 1	Q355 / 1	8.400 / 2.100	6.300 / 2.100	1.000 / 1.000	gLCB2 / 100104 842 / 305000 .000	gLCB2 / 0.245	gLCB2 3 / 0.265	gLCB2 / 17709 241 / 175000 .000	-	5.125 / 7.323	49.200 / 52.885	L/3405 / L/249
OK	☐	3 / 0.328	HN 550x200x10 / 1	Q355 / 1	8.400 / 2.100	6.300 / 2.100	1.000 / 1.000	gLCB2 / 100104 241 / 305000 .000	gLCB2 / 0.245	gLCB2 3 / 0.265	gLCB2 / 17709 241 / 175000 .000	-	5.125 / 7.323	49.200 / 52.885	L/3405 / L/249
OK	☐	4 / 0.170	HN 550x200x10 / 1	Q355 / 1	8.400 / 2.100	6.300 / 2.100	1.000 / 1.000	gLCB2 / 51970 553 / 305000 .000	gLCB2 / 0.127	gLCB2 3 / 0.138	gLCB2 / 9300.3 62 / 175000 .000	-	5.125 / 7.323	49.200 / 52.885	L/6313 / L/249
OK	☐	5 / 0.170	HN 550x200x10 / 1	Q355 / 1	8.400 / 2.100	6.300 / 2.100	1.000 / 1.000	gLCB2 / 51964 719 / 305000 .000	gLCB2 / 0.127		gLCB2 / 3033.9 98 / 175000 .000	-	5.125 / 7.323	49.200 / 52.885	L/6313 / L/249
OK	☑	6 / 0.144	HN 550x200x10 / 1	Q355 / 1	8.400 / 2.100	6.300 / 2.100	1.000 / 1.000	gLCB2 / 43990 502 / 305000 .000	gLCB2 / 0.102	gLCB2 3 / 0.120	gLCB2 / 12749 330 / 175000 .000	-	5.125 / 7.323	49.200 / 52.885	L/6313 / L/249
OK	☐	7 / 0.089	HN 550x200x10 / 1	Q355 / 1	8.400 / 2.100	6.300 / 2.100	1.000 / 1.000	gLCB2 / 23914 287 / 305000 .000		gLCB2 3 / 0.089	gLCB2 / 6482.1 49 / 175000 .000	-	5.125 / 7.323	49.200 / 52.885	L/6313 / L/249
OK	☐	8 / 0.328	HN 550x200x10 / 1	Q355 / 1	8.400 / 2.100	6.300 / 2.100	1.000 / 1.000	gLCB2 / 100091 377 / 305000 .000	gLCB2 / 0.245	gLCB2 3 / 0.265	gLCB2 / 5621.4 37 / 175000 .000	-	5.125 / 7.323	49.200 / 52.885	L/3405 / L/249
OK	☐	9 / 0.278	HN 550x200x10 / 1	Q355 / 1	8.400 / 2.100	6.300 / 2.100	1.000 / 1.000	gLCB2 / 84674 745 / 305000 .000	gLCB2 / 0.196	gLCB2 3 / 0.231	gLCB2 / 24382 745 / 175000 .000	-	5.125 / 7.323	49.200 / 52.885	L/3405 / L/249
OK	☐	10 / 0.173	HN 550x200x10 / 1	Q355 / 1	8.400 / 2.100	6.300 / 2.100	1.000 / 1.000	gLCB2 / 46302 967 / 305000 .000	gLCB2 / 0.173	gLCB9 3 / 0.005	gLCB2 / 12295 760 / 175000 .000	-	5.125 / 7.323	49.200 / 52.885	L/3405 / L/249
OK	☐	11 / 0.328	HN 550x200x10 / 1	Q355 / 1	8.400 / 2.100	6.300 / 2.100	1.000 / 1.000	gLCB2 / 100091 377 / 305000 .000	gLCB2 / 0.245	gLCB2 3 / 0.265	gLCB2 / 5621.4 37 / 175000 .000	-	5.125 / 7.323	49.200 / 52.885	L/3405 / L/249
OK	☐	12 / 0.278	HN 550x200x10 / 1	Q355 / 1	8.400 / 2.100	6.300 / 2.100	1.000 / 1.000	gLCB2 / 84674 325 / 305000 .000	gLCB2 / 0.196	gLCB2 3 / 0.231	gLCB2 / 24382 745 / 175000 .000	-	5.125 / 7.323	49.200 / 52.885	L/3405 / L/249
OK	☐	13	HN 550x200x10 / 1	Q355	8.400 / 2.100	1.000		gLCB2 / 46302 / 305000	gLCB2		gLCB2 / 12295 / 175000				

☑ 连接模型画面

[图形结果] [全选] [解除选择] [<<]   选择结果 ⊙全部 ○满足 ○不满足
[详细文本结果] [查看验算比...] [关闭] [复制表格]

图 2.4-23　查看计算书

--------------------------------单元号: 6--------------------------------

一、基本信息（单位: N, mm）

　　材料:

　　材料名称: 1: Q355

　　材料强度:

　　f(腹板)＝　　305, f(翼缘)＝　　305, fy(腹板)＝　　355, fy(翼缘)＝　　355

　　fv＝　175, fu＝　470, Es＝2.0600e+005

　　截面

　　截面形状: 工字形截面

　　截面特性值:

　　H＝　550.000, tw＝　10.000, B1＝　200.000, tf1＝　16.000, B2＝　200.000, tf2＝16.000, r1＝　13.000, r2＝　0.000

　　Area＝1.4925e+004, Iyy＝5.6695e+008, Izz＝2.1380e+007, iy＝　194.902, iz＝　37.848

　　其他参数

　　构件类型: 梁

　　净截面调整系数: c＝　0.85

　　构件长度: l＝　8400.000

二、长细比验算

　　没有该项验算内容！

三、板件宽厚比验算

　　根据规范 GB50017-17 3.5.1 条,

　　工字型梁截面翼缘宽厚比: b/t＝　5.125, 小于 S1 级的限值　7.323

　　工字型梁截面腹板宽厚比: h0/tw＝　49.200, 小于 S1 级的限值　52.885

　　该梁构件截面等级为 S1 级。

四、内力验算（单位: N, mm）

4.1 强度验算

按纯弯验算的过程：

内力：My＝5.7012e＋007，Mz＝　　0.000（gLCB23，I 端）

非抗震组合：$\gamma 0$＝　　1.10

受力类型：受弯

根据规范 GB50017-17 公式 6.1.1：

截面的最不利验算位置为截面的左上端：

截面板件宽厚比等级为 S1 级

Wny＝Iny/z＝2.0616e＋006

Wnz＝Inz/y＝2.1380e＋005

γy＝　　1.05，γz＝　　1.20

σ＝My/(γyWny)＋Mz/(γzWnz)＝　28.971≤f＝　　305，　满足规范要求！

按压弯验算的过程：

内力：N＝-1.7322e＋005，My＝5.7012e＋007，Mz＝　　0.000（gLCB23，I 端）

非抗震组合：$\gamma 0$＝　　1.10

受力类型：压弯

根据规范 GB50017-17 公式 8.1.1-1：

截面的最不利验算位置为截面的左上端：

An＝c＊A＝1.2686e＋004

Wny＝Iny/z＝2.0616e＋006

Wnz＝Inz/y＝2.1380e＋005

γy＝　　1.05，γz＝　　1.20

σ＝N/An＋My/(γyWny)＋Mz/(γzWnz)＝　43.991≤f＝　　305，　满足规范要求！

4.2 稳定性验算

y 向稳定验算：

按纯弯验算的过程：

内力：My＝5.7012e＋007，Mz＝　0.000（gLCB23，I 端）

非抗震组合：$\gamma 0$＝　　1.10

受力类型：受弯

根据规范 GB50017-17 公式 6.2.3：

截面板件宽厚比等级为 S1 级，

Wy＝Iy／z＝2.0616e＋006

Wz＝Iz／y＝2.1380e＋005

γz＝　　1.20

φb＝　　1.00

f＝　305.00

My/(φbWyf)＋Mz/(γzWzf)＝　0.10≤1.0，　满足规范要求！

按压弯验算的过程：

内力：N＝－1.7322e＋005，My＝5.7012e＋007，Mz＝　0.000（gLCB23，I 端）

非抗震组合：$\gamma 0$＝　　1.10

受力类型：压弯

根据规范 GB50017-17 公式 8.2.5-1：

A＝1.4925e＋004　Iy＝5.6695e＋008，Wy＝Iy/z＝2.0616e＋006

Iz＝2.1380e＋007，Wz＝Iz/y＝2.1380e＋005

βmy＝0.6＋0.4＊　4567/-4.7056e＋007＝　0.600

λy＝　32.324，查附录 D 表得：φy＝　0.942

N'Ey＝π^2EA/(1.1λy^2)＝2.6402e＋007

φbz＝　1.000

η＝　1.000

γy＝　1.050

βtz＝　1.000

f＝　305.000

N/(φyAf)＋βmyMy/(γyWy(1-0.8N/N'Ey)f)＋ηβtzMz/(φbzWzf))＝　0.10≤1.0，　满足规范
要求！

　　z 向稳定验算：

　　内力：N＝－1.7322e＋005，My＝5.7012e＋007，Mz＝　0.000（gLCB23，I 端）

　　非抗震组合：γ0＝　1.10

　　受力类型：压弯

　　根据规范 GB50017-17 公式 8.2.5-2：

　　βmz＝0.6＋0.4＊　0/　0.000＝　1.000

　　λz＝　55.485，查附录 D 表得：φz＝　0.761

　　N'Ez＝π^2EA/(1.1λz^2)＝8.9607e＋006

　　φby＝　1.000

　　η＝　1.000

　　γz＝　1.200

　　βty＝　0.650

　　f＝　305.000

　　N/(φzAf)＋ηβtyMy/(φbyWyf)＋βmzMz/(γzWz(1－0.8M/N'Ez)f)＝　0.12≤1.0，　满足规范
要求！

　　4.3 剪切验算

　　y 向剪切强度验算：

　　内力：Vy＝　　0.000（1.35D＋1.4（0.7）（L），I 端）

　　非抗震组合：γ0＝　1.10

　　根据规范 GB50017-17 公式 6.1.3：

　　Iy＝5.6695e＋008，Iz＝2.1380e＋007

　　tw＝　10.000

　　Sy＝1.1898e＋006，Sz＝5.0000e＋004

　　τ＝VySz/Iztw＝　0.000 ≤ fv＝　175.000，　满足规范要求！

　　z 向剪切强度验算：

　　内力：Vz＝5.5229e＋004（gLCB23，J 端）

　　τ＝VzSy/Iytw＝　12.749 ≤ fv＝　175.000，　满足规范要求！

五、挠度验算（单位：mm）

　　构件在目标组合下的最大挠度为：L/　6314

　　挠度限值：〔γ〕＝L/　250

　　满足规范要求！

至此，此案例的 Gen 结果解读完毕。

2.5 悬挑大雨篷结构案例思路拓展

1. 混凝土部分的模拟

实际项目千差万别，读者可以根据实际情况，将混凝土主体结构与悬挑大雨篷整体考虑，进一步观察主体结构对雨篷结构的影响，也可以留意雨篷对主体结构的影响。

2. 次梁的布置

次梁方向不同，计算结果也会完全不同。在有限元模型中体现在次梁点铰上面。读者可以在方案对比阶段，通过多种次梁的布置方式，比选一种出来。

3. 拉压杆的模拟

本案例拉压杆是按梁单元进行模拟，读者可以进一步体会用桁架单元进行模拟的区别。

如果实际项目遇到单拉杆的情况，即只受拉而不受压的情况，这就需要在 midas 中用"只受拉"单元进行模拟。

2.6 悬挑大雨篷结构小结

悬挑大雨篷是实际项目中遇到比较多的一个小型钢结构，很多高档的办公楼、酒店入口都存在。作为设计师，关键是在保证结构安全的基础上实现建筑的功能。方案阶段充分利用有限元软件进行比选，做到有理有据。

本章是 Gen 有限元入门章节，在第 1 章案例的基础上，新增了一些实际项目经常用到的菜单操作，新手务必结合案例亲自操作体验一遍。

更多关于悬挑大雨篷的全流程操作（包括参数化建模），详见视频 2.6（共 4 个）。

视频 2.6-1　　　　　视频 2.6-2　　　　　视频 2.6-3　　　　　视频 2.6-4
目标　　　　　　　　概念设计　　　　　　快速建模（GH参数化）　电算分析

第3章
高层混凝土结构计算分析

3.1 高层混凝土结构案例背景

21 世纪以来，我国高层混凝土结构发展迅猛。作为结构设计师，高层混凝土结构设计是必备的专业技能。为了使读者全方位地掌握 midas Gen 软件，本章案例根据某项目框架剪力墙结构改编，让读者体会 midas Gen 在高层结构设计中的使用流程。

项目概况：河北省承德市兴隆县某 11 层办公楼，层高 4.2m，平面布置如图 3.1-1 所示。

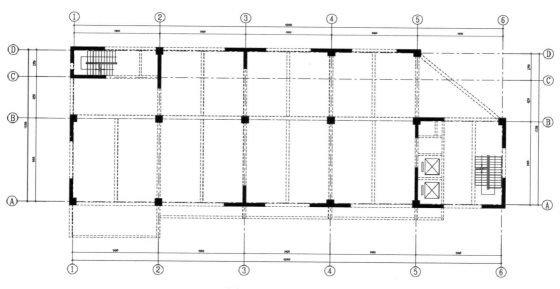

图 3.1-1　平面布置

结构构件主要截面尺寸：剪力墙 350mm；框架柱 700mm×700mm；框架梁 350mm×700mm，350mm×800mm；次梁 250mm×650mm，250mm×800mm；楼板 120mm。

结构荷载信息：

风荷载：50 年一遇 0.4kPa，粗糙度类别 B 类，体型系数 1.3；

地震作用：7 度 0.1g，第三组，三类场地；

活荷载：办公楼 2.5kPa，卫生间 2.5kPa，楼梯 3.5kPa，不上人屋面 0.5kPa；

附加恒荷载：10cm 建筑做法取 2.5kPa（考虑 0.5kPa 吊顶），屋面附加恒荷载 4.5kPa。

3.2 高层混凝土结构概念设计

3.2.1 高层结构的本质

高层结构的特点是高度和层数，如同一根悬臂梁，随着高度的增加，水平荷载在设计中占据主导地位。它的位移和内力（轴力 N、弯矩 M）变化如图 3.2-1 所示。

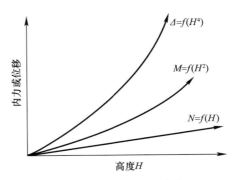

图 3.2-1 随高度变化曲线

从图 3.2-1 中可以看出，随着高度的增加，位移的变化最敏感。因此，高层结构的设计某种程度上就是抵抗水平荷载、减小变形的过程。

拓展：什么样的结构才是合理的高层结构呢？更多内容请点击查看视频 3.2.1。

3.2.2 结构体系的选择

常见的结构体系（图 3.2-2）有框架结构、剪力墙结构、框架-剪力墙结构、框架-核心筒结构，以及其他为超高层量身定制的结构（如筒中筒等）。

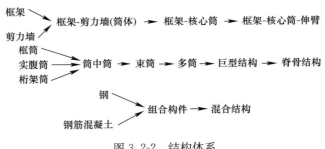

图 3.2-2 结构体系

本案例是办公楼，它的特点是要根据后期业主的需求，不断变更隔墙位置来满足办公需求。这就要求结构布置必须灵活，剪力墙结构排除。同时，高层结构需要较大的抗侧刚度，因此框架结构排除。根据建筑平面布局，首选框架-剪力墙结构。

3.2.3 框架-剪力墙结构的平面布置

结构平面布置对结构专业而言，就是刚度最大化。

1）典型的 XY 两个方向刚度尽可能均匀。

2）保证结构有足够的抗扭刚度，将竖向构件尽可能远离刚心，同时要根据结构长度平衡温度因素的影响。

3）在保证结构安全、高效的前提下，为了满足建筑使用要求，局部有所取舍。

读者务必记住，要有大局观。不要一味地追求结构利益最大化而忽略其他专业的需求，应积极在方案、初步设计、施工图各阶段与其他专业人员沟通，在保证安全的前提下尽可能地满足各专业的使用要求。

同时，读者需要明白的是，结构概念设计是需要长时间的项目积累结合自身知识储备不断思考提升的。各类结构体系概念设计的相关内容详见视频 3.2（共 20 个）。

视频 3.2-1
从震害看抗震
设计（上）

视频 3.2-2
从震害看抗震
设计（下）

视频 3.2-3
框架结构概念
设计之延性梁

视频 3.2-4
框架结构概念
设计之延性柱

视频 3.2-5
框架结构概念
设计之强节点

视频 3.2-6
框架-核心筒
结构概念设计

视频 3.2-7
剪力墙结构概念设计
之悬臂剪力墙（上）

视频 3.2-8
剪力墙结构概念设计
之悬臂剪力墙（下）

视频 3.2-9
剪力墙结构概念设计
之联肢剪力墙（上）

视频 3.2-10
剪力墙结构概念设计
之联肢剪力墙（下）

视频 3.2-11
剪力墙结构概念设计
之构造措施（上）

视频 3.2-12
剪力墙结构概念设计
之构造措施（中）

视频 3.2-13
剪力墙结构概念设计
之构造措施（下）

视频 3.2-14
剪力墙结构概念设计
之连梁（上）

视频 3.2-15
剪力墙结构概念设计
之连梁（下）

视频 3.2-16
筒体结构概念设计
之剪力滞后（上）

视频 3.2-17
筒体结构概念设计
之剪力滞后（下）

视频 3.2-18
筒体结构概念设计
之框筒布置要点

视频 3.2-19
筒体结构概念设计
之框架核心筒受力特点

视频 3.2-20
筒体结构概念设计
之两类框架核心筒

3.3　高层混凝土结构 Gen 软件实际操作

说明：实际项目中，多高层结构一般从其他模型导入 Gen，进行指标对比分析。本案例是基于 Gen 背景下的案例，为了让读者更熟练、深刻地掌握 Gen 中关于钢筋混凝土方面的知识，采用传统的建模全流程操作，读者可根据自身实际项目需求，选择相应的方法即可。

1. 建模

此类结构的建模，我们一般从其他计算软件进行导入，方法是生成 mgt 文件。本案例采用纯 Gen 全流程建模方法，读者可根据自身项目情况选择。

1）材料特性

常规高层混凝土结构材料建议：墙柱根据楼层数量从 C35～C55 不等；梁板一般采用 C30 或 C35。本案例墙柱采用 C45～C35（三层一变），梁板采用 C35。

主要操作：菜单"特性"→"材料特性值"（图 3.3-1）。

2）几何截面

根据第 3.1 节内容进行定义。截面尺寸如图 3.3-2 所示。

这里需要提醒读者的是常规项目通常从其他软件（如 PK/YJK）导入而来，读者重点需要复核的是截面的准确性，本操作旨在熟悉迈达斯 Gen 软件定义混凝土构件的流程。

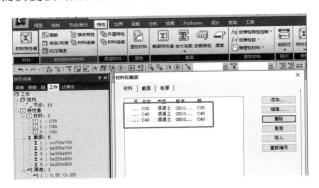

图 3.3-1　材料特性

图 3.3-2　截面尺寸

3）单层几何建模

考虑到此案例是第一个关于层概念的结构，为了使读者多角度地掌握 Gen 的建模流程，我们仍然采用全流程的 Gen 操作。

首先，观察结构的平面布置。我们先定义主要节点，然后采用节点拉伸的命令，生成主要框架柱（图 3.3-3）。

关键命令：建立节点、复制移动节点、点扩展到线。

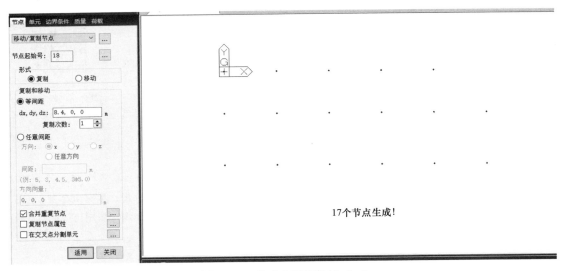

图 3.3-3　生成主要框架柱（一）

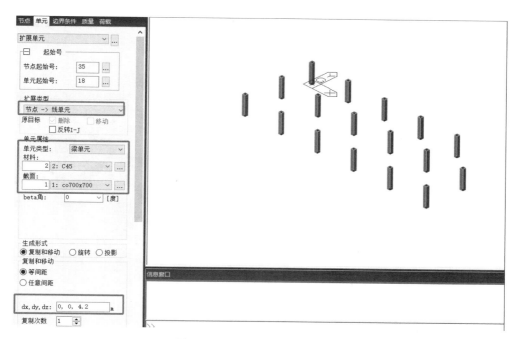

图 3.3-3 生成主要框架柱（二）

在生成框架柱的基础上，根据结构平面生成所需要的剪力墙，如图 3.3-4 所示。
关键命令：线扩展到平面。

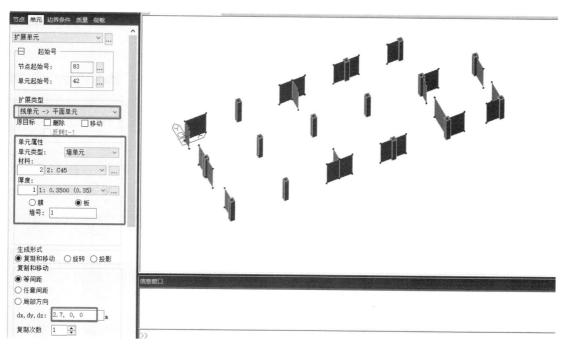

图 3.3-4 生成剪力墙

至此，竖向构件相关的墙柱已经生成完毕；接下来，开始绘制框架梁，如图 3.3-5 所示。

关键命令：建立单元（注意务必体会交叉分割的灵活使用）。

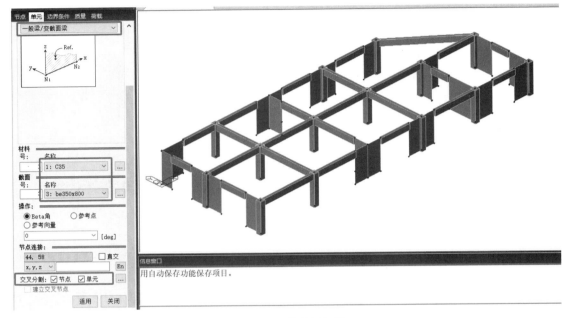

图 3.3-5　绘制框架梁

在框架梁建立的基础上，进一步建立次梁，如图 3.3-6 所示。

关键命令：移动复制节点、建立单元、分割单元。

图 3.3-6　建立次梁（一）

图 3.3-6　建立次梁（二）

至此，单层框架剪力墙结构几何模型已经搭建完成！这里需要提醒读者，Gen 进行多高层结构分析时，一般不用输入楼板（除非对楼板分析有特别的需求，比如舒适度、温度应力等）。后面，我们通过导荷载的形式进行荷载分配。

4）几何建模整体组装

这一步是针对具有层概念的结构而言。本案例一共 9 层，层高 4.2m，整体组装结果如图 3.3-7 所示。

关键命令：移动复制单元。

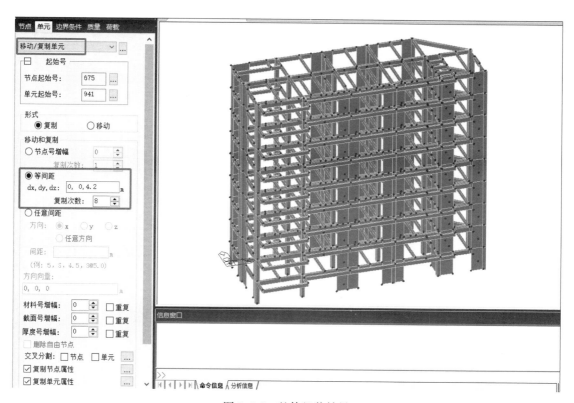

图 3.3-7　整体组装结果

几何模型组装完毕后，为了后续查看结构层概念方面的整体指标，我们需要定义楼层，如图 3.3-8 所示。

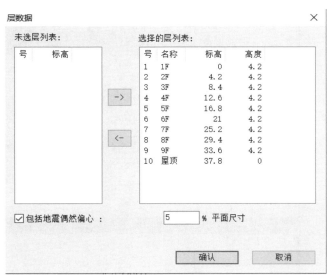

图 3.3-8　定义楼层

此外，关于风荷载和地震作用相关的几何尺寸信息，建议读者在此可以留意查看。涉及后续风荷载作用面积和地震作用考虑偶然偏心计算的问题，如图 3.3-9 所示。

至此，结构的整体几何模型创建完毕！

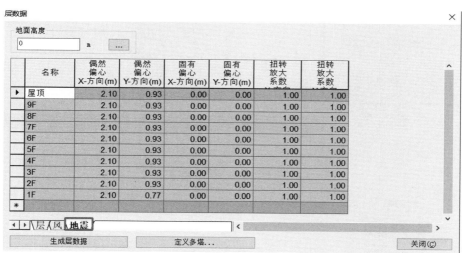

图 3.3-9　风荷载作用面积和地震作用考虑偶然偏心计算

2. 边界约束

多高层结构的边界约束，大多数情况只需要对底部施加固定支座即可，如图 3.3-10 所示。

3. 加载

1）荷载工况

本案例主要考虑的荷载有恒荷载、活荷载、风荷载、地震作用，如图 3.3-11 所示。

2）自重

所有结构客观存在的属性，如图 3.3-12 所示。

3）风荷载

风荷载的添加在 Gen 中有多种方法，本案例介绍多高层结构最常用的一种。

以 X 方向为例，在菜单"荷载"→"横向荷载"→"风荷载"中定义，如图 3.3-13 所示。

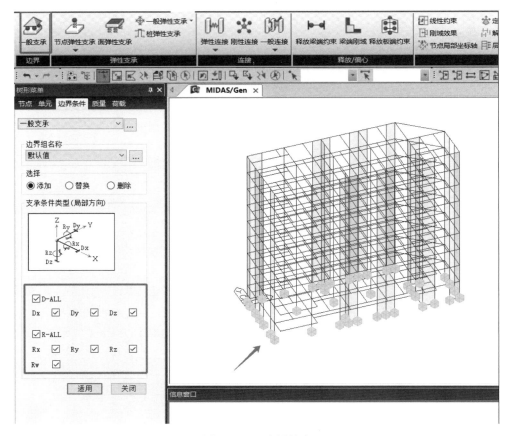

图 3.3-10 边界约束

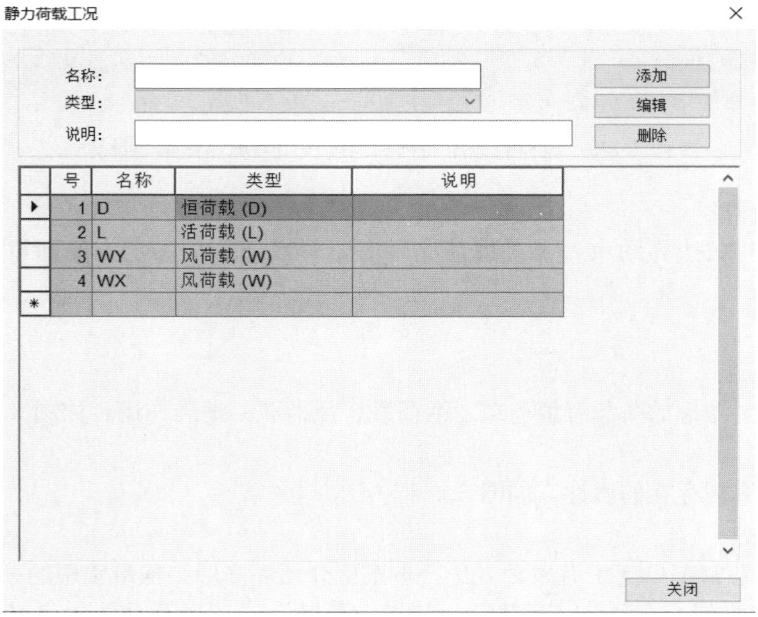

图 3.3-11 荷载工况

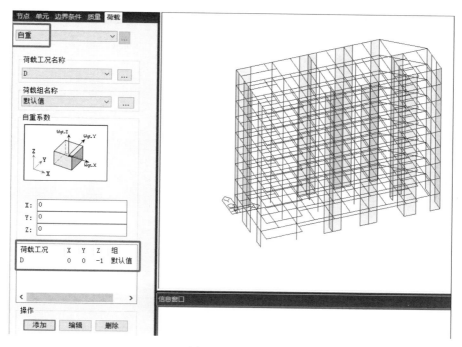

图 3.3-12　自重

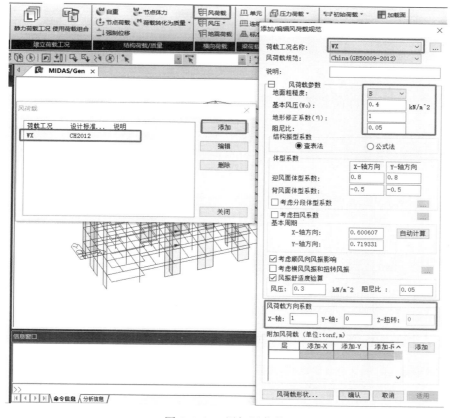

图 3.3-13　添加风荷载

同理，可以定义 Y 向风荷载，如图 3.3-14 所示。

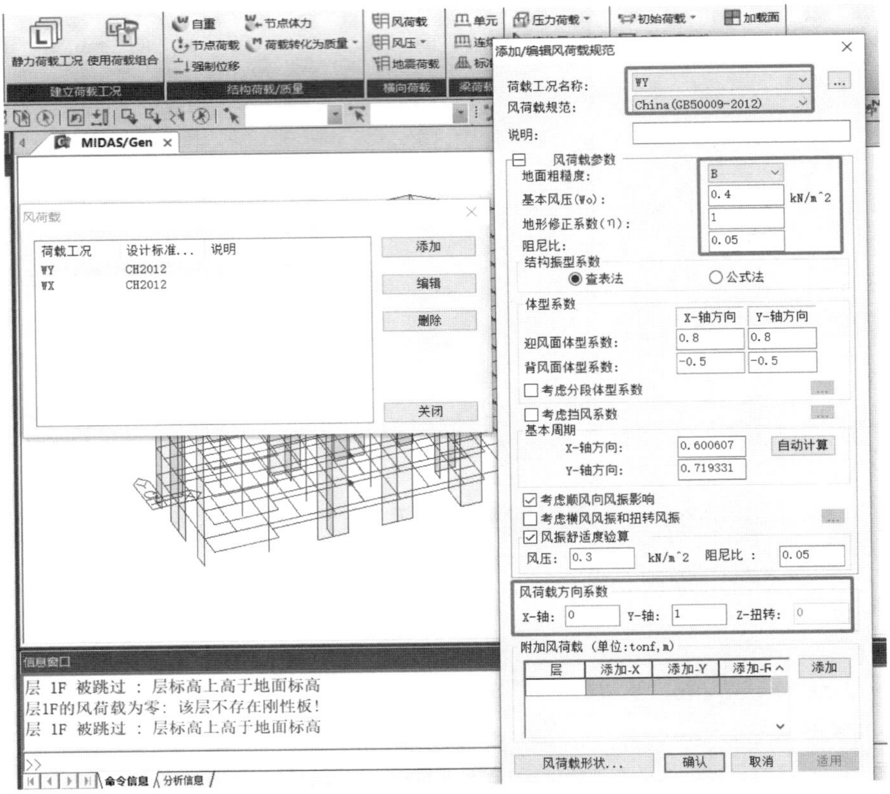

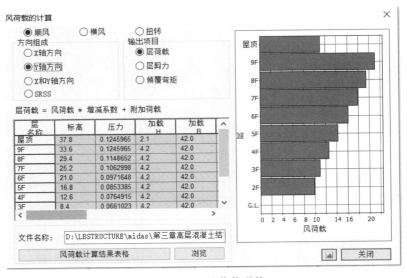

图 3.3-14　Y 向风荷载

提醒注意，Gen 各方向各楼层风荷载的相关数据可以在"风荷载形状"中查看，如图 3.3-15 所示。

图 3.3-15　风荷载形状

4）地震作用

本案例用反应谱法来进行地震作用的计算。

第一步是定义反应谱函数，如图 3.3-16 所示。

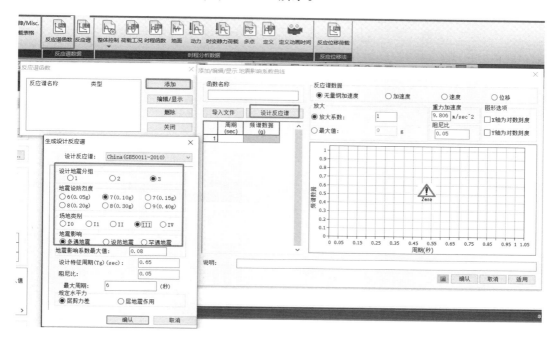

图 3.3-16　定义反应谱函数

注：反应谱函数的定义是进行地震作用分析的第一步，要根据《建筑抗震设计标准》GB/T 50011—2010 第 5 章的内容进行数值填写。下面，我们将对 Gen 中的一些关键参数进行说明。

1）函数名称

输入反应谱函数名称。该名称用于定义"反应谱荷载工况"。

2）反应谱数据

确认要输入的反应谱数据类型。

无量纲加速度：加速度反应谱除以重力加速度得到的频谱。

加速度：加速度反应谱。

速度：速度反应谱。

位移：位移反应谱。

3）放大

放大系数：输入反应谱数据的调整系数（一般为放大）。

最大值：反应谱数据的最大值，可以根据用户在这里输入的值来调整。

4）重力加速度

输入重力加速度。该数据将被用于将无量纲加速度和等效质量转换为荷载。

5）阻尼比

输入结构的阻尼比，也可以在设计反应谱中直接输入（有的设计反应谱中，有阻尼比输入选项）。

反应谱分析时有三处可输入阻尼比：

a. 设计反应谱中直接输入（例如，建筑抗震设计反应谱）；

b. 在本对话框中输入；

c. 在反应谱分析工况中输入。

程序最终使用的阻尼比优先顺序为 c、b、a。

第二步是定义反应谱工况，两个方向的定义如图 3.3-17 所示。

图 3.3-17　定义反应谱工况

第三步将荷载转化为质量，这是计算地震作用的基础，如图 3.3-18 所示。

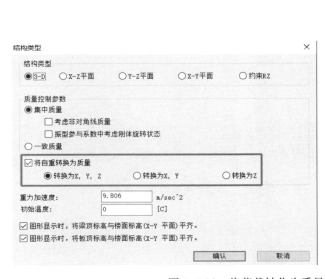

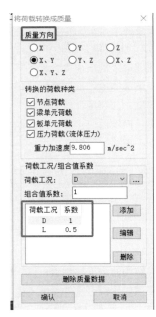

图 3.3-18　将荷载转化为质量

至此,反应谱法计算地震作用的参数设置完毕!

5)恒荷载、活荷载

本案例用分配楼面荷载的方法来定义恒荷载和活荷载。

首先,进行分配楼面荷载的定义,如图 3.3-19 所示。

接下来,根据名称添加楼面荷载进行导荷计算,如图 3.3-20 所示。

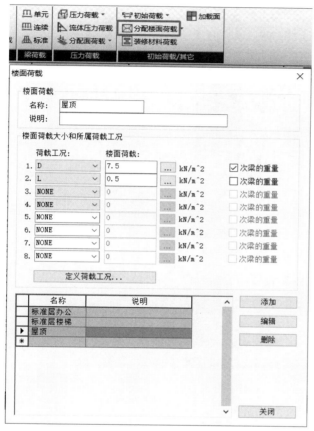

图 3.3-19　分配楼面荷载

图 3.3-20　添加楼面荷载进行导荷计算

提醒读者,多高层混凝土结构的楼面荷载分配务必注意利用好复制楼面荷载的功能,可以事半功倍。同时,注意不要勾选"转换为梁单元荷载",以免后期修改麻烦。

最后,可以用右侧属性菜单查看楼面导荷的效果,如图 3.3-21 所示。

至此,荷载添加完毕!

楼面荷载分配的更多细节,请点击查看视频 3.3(共 4 个)。

视频 3.3-1
迈达斯的楼面分配
荷载专题 1

视频 3.3-2
迈达斯的楼面分配
荷载专题 2

视频 3.3-3
迈达斯的楼面分配
荷载专题 3

视频 3.3-4
迈达斯的楼面分配
荷载专题 4

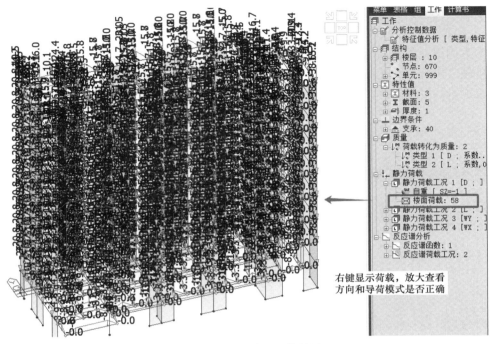

图 3.3-21 查看楼面导荷效果

4. 运行分析

运行分析中，一般分三步走：主控数据设置→分析控制→运行计算（图 3.3-22）。

图 3.3-22 运行分析

本案例进行特征值分析，定义菜单如图 3.3-23 所示。

图 3.3-23 特征值分析控制界面

特征值分析的关键参数是振型数量的确定，一般项目参考三倍的楼层数，最终结果反映在振型质量参与系数上，详见结果解读的内容。

5. 后处理

本案例为高层混凝土框架-剪力墙结构，我们重点关注计算结果部分的内容，详细解读见第 3.4 节。

3.4　高层混凝土结构 Gen 软件结果解读

1. 周期与振型

选择"结果表格"→"周期与振型"。

多高层结构的理想周期特点是"平平扭",或称为"001"。在 Gen 中,结果查看表格可以详细地看到结构每个周期的具体数值及振型参与质量,如图 3.4-1 所示。

节点	模态	UX	UY	UZ	RX	RY	RZ
				特 征 值 分 析			
	模态号	频率		周期	容许误差		
		(rad/sec)	(cycle/sec)	(sec)			
	1	7.8616	1.2512	0.7992	0.0000e+000		
	2	8.1899	1.3035	0.7672	0.0000e+000		
	3	11.4603	1.8240	0.5483	0.0000e+000		
	4	28.6729	4.5634	0.2191	0.0000e+000		
	5	29.9629	4.7687	0.2097	0.0000e+000		
	6	41.6537	6.6294	0.1508	0.0000e+000		
	7	62.1099	9.8851	0.1012	1.2447e-171		
	8	65.3091	10.3943	0.0962	8.5666e-162		
	9	70.6576	11.2455	0.0889	6.7895e-144		
	10	76.0527	12.1042	0.0826	9.7470e-123		
	11	77.2050	12.2876	0.0814	1.8872e-116		
	12	77.6806	12.3633	0.0809	8.6391e-115		
	13	78.1477	12.4376	0.0804	5.7236e-113		
	14	78.5088	12.4951	0.0800	4.8629e-111		
	15	78.6409	12.5161	0.0799	8.1085e-111		
	16	78.9329	12.5626	0.0796	3.9752e-111		
	17	79.1072	12.5903	0.0794	8.3248e-110		
	18	80.2093	12.7657	0.0783	1.5930e-110		
	19	82.8947	13.1931	0.0758	2.3505e-102		
	20	83.4883	13.2876	0.0753	8.1168e-100		
	21	83.7148	13.3236	0.0751	8.3660e-099		
	22	84.0079	13.3703	0.0748	1.4681e-097		
	23	84.2698	13.4119	0.0746	4.9132e-097		
	24	84.3668	13.4274	0.0745	4.7398e-096		
	25	84.4504	13.4407	0.0744	9.2030e-097		
	26	84.5925	13.4633	0.0743	7.0946e-097		
	27	84.6928	13.4793	0.0742	2.0193e-097		
	28	88.2924	14.0522	0.0712	6.4590e-099		
	29	89.8463	14.2995	0.0699	6.9663e-099		
	30	103.8646	16.5306	0.0605	2.9449e-068		

节点	模态	UX		UY		UZ		RX		RY		RZ	
						振型参与质量							
	模态号	TRAN-X		TRAN-Y		TRAN-Z		ROTN-X		ROTN-Y		ROTN-Z	
		质量(%)	合计(%)	质量(%)	合计(%)	质量(%)	合计(%)	质量(%)	合计(%)	质量(%)	合计(%)	质量(%)	合计(%)
	1	40.0760	40.0760	32.6398	32.6398	0.0004	0.0004	0.0173	0.0173	0.0012	0.0012	1.0570	1.0570
	2	33.5000	73.5760	39.9484	72.5882	0.0004	0.0008	0.0319	0.0492	0.0098	0.0110	0.1691	1.2261
	3	0.2215	73.7975	0.7815	73.3696	0.0012	0.0019	0.0005	0.0496	0.0002	0.0113	72.3815	73.6075
	4	7.5299	81.3274	5.8573	79.2270	0.0008	0.0027	0.0480	0.0976	0.0050	0.0162	0.2265	73.8341
	5	5.8029	87.1303	0.0113	87.2382	0.0015	0.0042	0.1108	0.2085	0.0333	0.0495	0.0552	73.8893
	6	0.0447	87.1750	0.5816	87.8198	0.0054	0.0096	0.0005	0.2089	0.0008	0.0502	13.7760	87.6653
	7	1.6292	88.8042	3.4984	91.3183	0.0117	0.0214	0.0728	0.2817	0.0059	0.0561	0.2318	87.8971
	8	3.9987	92.8029	1.4928	92.8111	0.0231	0.0445	0.0943	0.3760	0.0635	0.1196	0.0210	87.9182
	9	0.0072	92.8101	0.0565	92.8676	4.1643	4.2088	5.8422	6.2181	3.4695	3.5892	0.0007	87.9189
	10	0.0000	92.8101	0.0050	92.8726	0.4253	4.6341	0.4263	6.6444	0.3761	3.9652	0.0013	87.9202
	11	0.0000	92.8101	0.0016	92.8733	0.0130	4.6471	0.0153	6.6597	0.0121	3.9773	0.0001	87.9203
	12	0.0000	92.8101	0.0016	92.8749	0.0077	4.6548	0.0053	6.6650	0.0065	3.9838	0.0012	87.9216
	13	0.0001	92.8102	0.0068	92.8817	0.0287	4.6835	0.0433	6.7083	0.0277	4.0115	0.0009	87.9224
	14	0.0000	92.8102	0.0077	92.8895	0.0036	4.6870	0.0035	6.7118	0.0025	4.0140	0.0069	87.9293
	15	0.0003	92.8105	0.0268	92.9163	0.0089	4.6959	0.0161	6.7279	0.0061	4.0201	0.0002	87.9296
	16	0.0000	92.8105	0.0067	92.9230	0.1244	4.8203	0.3634	7.0913	0.0635	4.2165	0.0988	88.0283
	17	0.0001	92.8107	0.1723	93.0953	0.0644	4.8847	0.1494	7.2407	0.0884	4.3049	0.0219	88.0503
	18	0.0006	92.8113	0.0179	93.1132	0.1092	4.9940	0.3048	7.5455	0.9166	5.2215	0.0257	88.0760
	19	0.0001	92.8113	0.0039	93.1171	0.1544	5.1483	0.0076	7.5531	0.0032	5.2246	0.0131	88.0891
	20	0.0000	92.8114	0.0001	93.1172	0.0068	5.1551	0.0006	7.5537	0.0001	5.2247	0.0004	88.0894
	21	0.0000	92.8114	0.0004	93.1176	0.0274	5.1825	0.0012	7.5549	0.0022	5.2269	0.0031	88.0926
	22	0.0000	92.8114	0.0007	93.1183	0.0766	5.2591	0.0065	7.5614	0.0013	5.2282	0.0036	88.0961
	23	0.0001	92.8115	0.0020	93.1203	0.4141	5.6732	0.0388	7.6002	0.0184	5.2466	0.0285	88.1247
	24	0.0002	92.8117	0.0000	93.1203	17.1562	22.8294	1.9692	9.5694	1.0426	6.2896	0.0012	88.1259
	25	0.0002	92.8119	0.0021	93.1225	0.0588	22.8882	0.0030	9.5724	0.0004	6.2896	0.0289	88.1548
	26	0.0000	92.8120	0.0001	93.1225	0.0457	22.9339	0.0060	9.5784	0.0019	6.2915	0.0163	88.1711
	27	0.0002	92.8122	0.0044	93.1270	0.0228	22.9567	0.0005	9.5787	0.0014	6.2929	0.0138	88.1849
	28	0.0001	92.8123	0.0005	93.1275	0.0029	22.9596	0.2548	9.8335	7.1716	13.4632	0.0223	88.2073
	29	0.0273	92.8395	0.1788	93.3063	0.0050	22.9646	0.0150	9.8485	0.0020	13.4652	4.8976	93.1049
	30	0.0003	92.8398	0.0196	93.3259	2.5227	25.4873	0.4300	10.2785	0.0803	13.5454	0.0003	93.1051

图 3.4-1　查看周期具体数值及振型参与质量

另外，读者可以通过振型菜单直观地查看结构的振型动画，如图 3.4-2 所示。

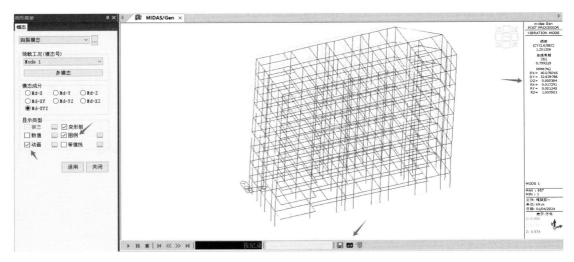

图 3.4-2　结构振型动画

周期振型的查看是实际项目中软件对比必须查看的内容之一，请读者务必掌握！

2. 支座反力

选择"结果"→"反力"。

多高层结构对支座反力的查看主要体现在荷载的定性检查上，如图 3.4-3 所示。

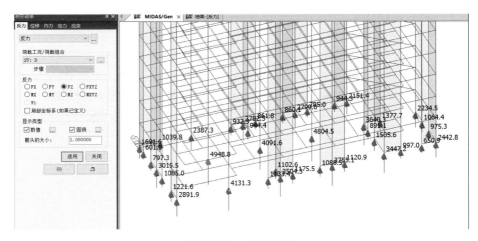

图 3.4-3　支座反力

3. 变形

选择"结果"→"变形"→"位移等值线"。

多高层结构对位移等值线的查看主要从宏观上查看每种工况的准确性，尤其是水平荷载的计算反应是否正确。

图 3.4-4 为 W_x 方向的变形。

图 3.4-5 为 W_y 方向的变形。

图 3.4-6 为 EX 地震作用下的变形。

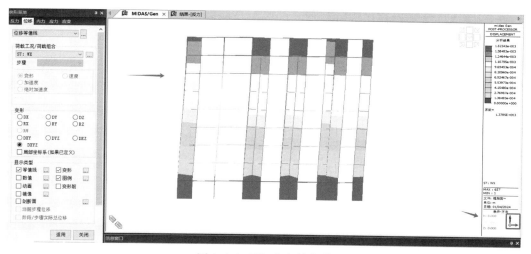

图 3.4-4　Wx 方向的变形

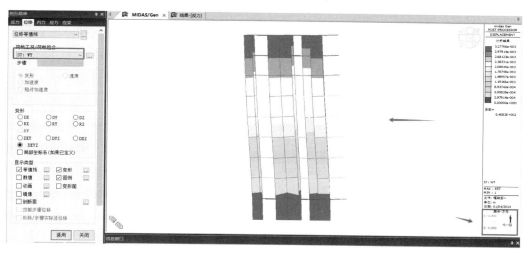

图 3.4-5　Wy 方向的变形

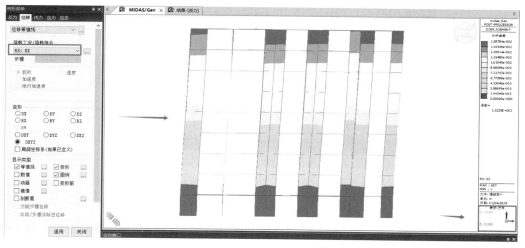

图 3.4-6　EX 地震作用下的变形

图 3.4-7 为 EY 地震作用下的变形。

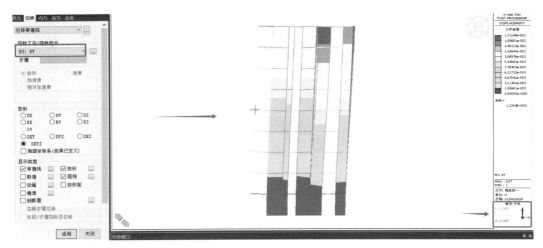

图 3.4-7　EY 地震作用下的变形

4. 内力

选择"结果"→"内力"→"梁单元内力图"。

结构内力的查看建议读者朋友养成从单荷载工况查看的良好习惯，这样便于根据内力图进行力学概念分析，判断其合理性。

恒荷载和活荷载内力形状类似、大小不同，我们以恒荷载为例，如图 3.4-8 所示。

图 3.4-8 为恒荷载下的轴力，可以直观地看出不同构件的轴力变化，从上到下依次增大，从周边到中间依次增大。这符合基本的力学规律。

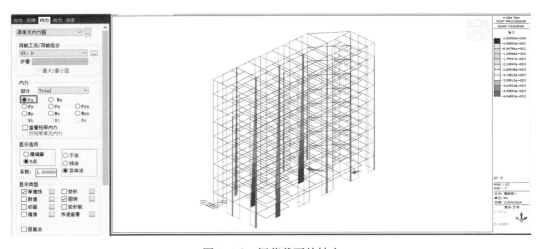

图 3.4-8　恒荷载下的轴力

图 3.4-9 为恒荷载作用下的弯矩图（XZ 平面视图），可以看出弯矩形状为典型的连续梁类型，同时屋顶弯矩比较大（荷载大的原因）。

图 3.4-10 为 Wx 作用下的轴力图和弯矩图，符合水平荷载作用下的规律。

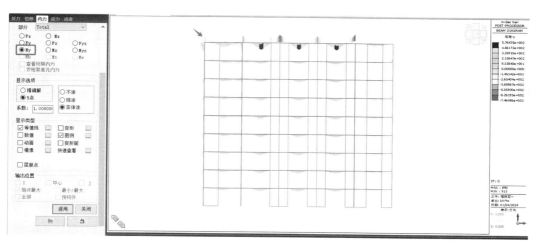

图 3.4-9　恒荷载作用下的弯矩图

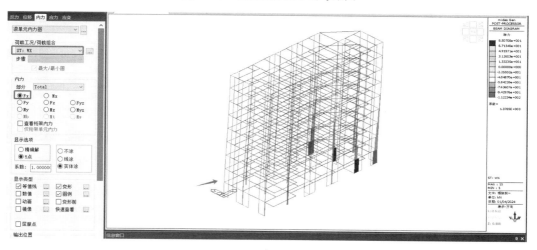

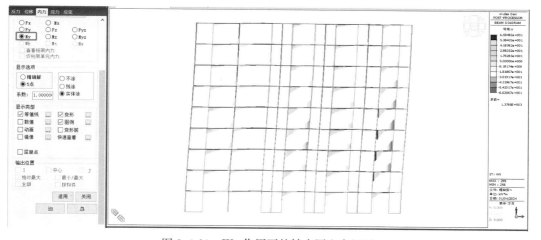

图 3.4-10　W_x 作用下的轴力图和弯矩图

图 3.4-11 为 W_y 作用下的轴力图和弯矩图，符合水平荷载作用下的规律。

图 3.4-12 为 EX 作用下的轴力图和弯矩图，符合水平荷载作用下的内力分布。

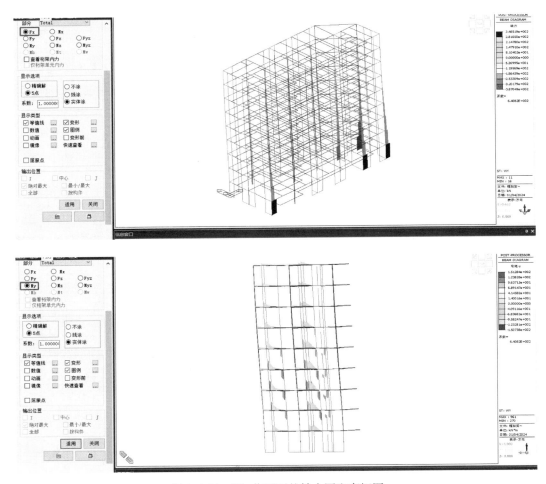

图 3.4-11　Wy 作用下的轴力图和弯矩图

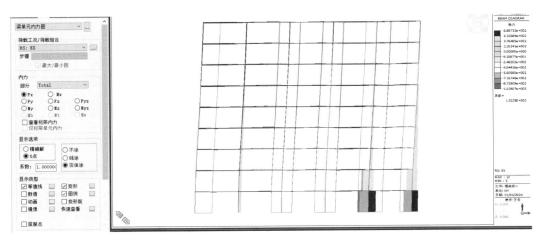

图 3.4-12　EX 作用下的轴力图和弯矩图（一）

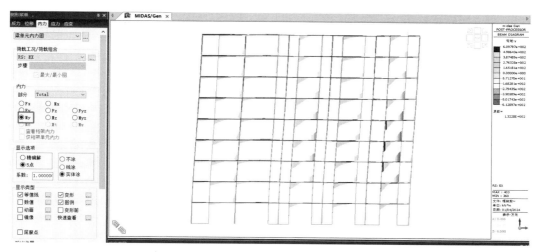

图 3.4-12 EX 作用下的轴力图和弯矩图（二）

图 3.4-13 为 EY 作用下的轴力图和弯矩图，符合水平荷载作用下的内力分布。

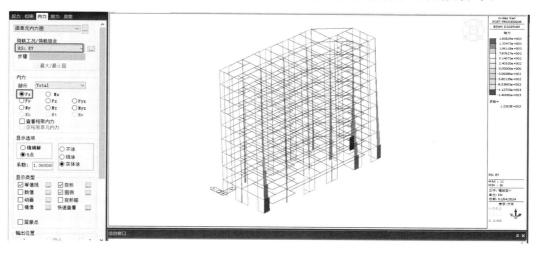

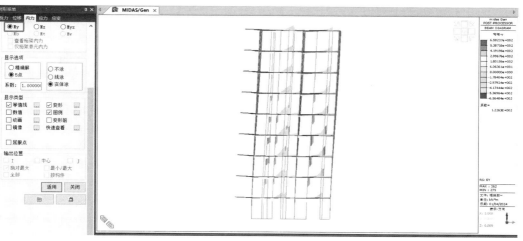

图 3.4-13 EY 作用下的轴力图和弯矩图

5. 层—层间位移角

选择"结果"→"层"→"层间位移角"。

此结果可以用来做小震下多模型的对比使用，图 3.4-14 为 EX 和 EY 下的层间位移角。

荷载工况	层	层高度(m)	层间位移角限值	全部竖向单元的最大层间位移				竖向构件平均层间位移			
				节点	层间位移(m)	层间位移角	验算	层间位移(m)	层间位移角(最大/当前方法)	层间位移角	验算
EX(RS)	9F	4.20	1/800	543	0.0014	1/2965		0.0014	1.0273	1/3046	OK
EX(RS)	8F	4.20	1/800	473	0.0016	1/2604	OK	0.0016	1.0281	1/2677	OK
EX(RS)	7F	4.20	1/800	403	0.0018	1/2308	OK	0.0018	1.0287	1/2375	OK
EX(RS)	6F	4.20	1/800	333	0.0020	1/2109	OK	0.0019	1.0291	1/2171	OK
EX(RS)	5F	4.20	1/800	263	0.0021	1/2011	OK	0.0020	1.0295	1/2070	OK
EX(RS)	4F	4.20	1/800	193	0.0021	1/2028	OK	0.0020	1.0300	1/2089	OK
EX(RS)	3F	4.20	1/800	123	0.0019	1/2228	OK	0.0018	1.0309	1/2297	OK
EX(RS)	2F	4.20	1/800	28	0.0015	1/2889	OK	0.0014	1.0323	1/2983	OK
EX(RS)	1F	4.20	1/800	11	0.0006	1/6481	OK	0.0006	1.0341	1/6702	OK
EY(RS)	9F	4.20	1/800	543	0.0004	1/10607	OK	0.0004	1.0335	1/10962	OK
EY(RS)	8F	4.20	1/800	473	0.0005	1/9288	OK	0.0004	1.0359	1/9622	OK
EY(RS)	7F	4.20	1/800	403	0.0005	1/8220	OK	0.0005	1.0374	1/8527	OK
EY(RS)	6F	4.20	1/800	333	0.0005	1/7496	OK	0.0005	1.0388	1/7786	OK
EY(RS)	5F	4.20	1/800	263	0.0006	1/7127	OK	0.0006	1.0401	1/7413	OK
EY(RS)	4F	4.20	1/800	193	0.0006	1/7164	OK	0.0006	1.0416	1/7462	OK
EY(RS)	3F	4.20	1/800	123	0.0005	1/7839	OK	0.0005	1.0438	1/8182	OK
EY(RS)	2F	4.20	1/800	28	0.0004	1/10110	OK	0.0002	1.0473	1/10588	OK
EY(RS)	1F	4.20	1/800	11	0.0002	1/22660	OK	0.0002	1.0482	1/23751	OK
EX(ES)	9F	4.20	1/800	535	-0.0000	1/-148482	OK	0.0000	84.8113	0.0000	OK
EX(ES)	8F	4.20	1/800	465	-0.0000	1/-131901	OK	0.0000	49.4908	1/6395969	OK
EX(ES)	7F	4.20	1/800	395	-0.0000	1/-118278	OK	0.0000	36.9314	1/4249910	OK
EX(ES)	6F	4.20	1/800	325	-0.0000	1/-108723	OK	0.0000	30.5451	1/3212233	OK
EX(ES)	5F	4.20	1/800	263	0.0000	1/103389	OK	0.0000	24.5548	1/2642081	OK
EX(ES)	4F	4.20	1/800	193	0.0000	1/102465	OK	0.0000	21.5528	1/2310874	OK
EX(ES)	3F	4.20	1/800	123	0.0000	1/109736	OK	0.0000	19.0592	1/2201221	OK
EX(ES)	2F	4.20	1/800	28	0.0000	1/137350	OK	0.0000	17.1361	1/2490981	OK
EX(ES)	1F	4.20	1/800	11	0.0000	1/291645	OK	0.0000	16.4634	1/5093097	OK
EY(ES)	9F	4.20	1/800	535	-0.0001	1/-66140	OK	0.0000	84.3241	1/5511085	OK
EY(ES)	8F	4.20	1/800	465	-0.0001	1/-58779	OK	0.0000	49.3796	1/2843707	OK
EY(ES)	7F	4.20	1/800	395	-0.0001	1/-52752	OK	0.0000	36.9196	1/1894841	OK
EY(ES)	6F	4.20	1/800	325	-0.0001	1/-48529	OK	0.0000	30.5611	1/1434569	OK

荷载工况	层	层高度(m)	层间位移角限值	全部竖向单元的最大层间位移				竖向构件平均层间位移			
				节点	层间位移(m)	层间位移角	验算	层间位移(m)	层间位移角(最大/当前方法)	层间位移角	验算
EX(RS)	9F	4.20	1/550	538	0.0005	1/9214	OK	0.0004	1.1135	1/10260	OK
EX(RS)	8F	4.20	1/550	468	0.0005	1/8025	OK	0.0005	1.1381	1/9133	OK
EX(RS)	7F	4.20	1/550	398	0.0006	1/7110	OK	0.0005	1.1629	1/8268	OK
EX(RS)	6F	4.20	1/550	328	0.0006	1/6504	OK	0.0005	1.1849	1/7706	OK
EX(RS)	5F	4.20	1/550	258	0.0007	1/6195	OK	0.0006	1.2046	1/7463	OK
EX(RS)	4F	4.20	1/550	188	0.0007	1/6214	OK	0.0006	1.2229	1/7599	OK
EX(RS)	3F	4.20	1/550	118	0.0006	1/6744	OK	0.0005	1.2393	1/8357	OK
EX(RS)	2F	4.20	1/550	18	0.0005	1/8540	OK	0.0004	1.2522	1/10694	OK
EX(RS)	1F	4.20	1/550	1	0.0002	1/18567	OK	0.0002	1.2477	1/23166	OK
EY(RS)	9F	4.20	1/550	538	0.0015	1/2722	OK	0.0014	1.0720	1/2918	OK
EY(RS)	8F	4.20	1/550	468	0.0018	1/2375	OK	0.0016	1.0951	1/2600	OK
EY(RS)	7F	4.20	1/550	398	0.0020	1/2108	OK	0.0018	1.1180	1/2357	OK
EY(RS)	6F	4.20	1/550	328	0.0022	1/1932	OK	0.0019	1.1384	1/2199	OK
EY(RS)	5F	4.20	1/550	258	0.0023	1/1843	OK	0.0020	1.1568	1/2132	OK
EY(RS)	4F	4.20	1/550	188	0.0023	1/1852	OK	0.0019	1.1736	1/2173	OK
EY(RS)	3F	4.20	1/550	118	0.0021	1/2014	OK	0.0018	1.1885	1/2394	OK
EY(RS)	2F	4.20	1/550	18	0.0016	1/2557	OK	0.0014	1.1995	1/3067	OK
EY(RS)	1F	4.20	1/550	1	0.0008	1/5555	OK	0.0006	1.1967	1/6648	OK
EX(ES)	9F	4.20	1/550	547	0.0001	1/52662	OK	0.0000	19.2249	1/1065083	OK
EX(ES)	8F	4.20	1/550	477	0.0001	1/47396	OK	0.0000	33.8773	1/1653056	OK
EX(ES)	7F	4.20	1/550	407	0.0001	1/43144	OK	0.0000	141.1955	1/6134815	OK
EX(ES)	6F	4.20	1/550	328	-0.0001	1/-39582	OK	-0.0000	79.1404	1/-3172090	OK
EX(ES)	5F	4.20	1/550	258	-0.0001	1/-36920	OK	-0.0000	33.8254	1/-1285751	OK
EX(ES)	4F	4.20	1/550	188	-0.0001	1/-36272	OK	-0.0000	22.6013	1/-856076	OK
EX(ES)	3F	4.20	1/550	118	-0.0001	1/-38618	OK	-0.0000	17.6972	1/-722052	OK
EX(ES)	2F	4.20	1/550	18	-0.0001	1/-48213	OK	-0.0000	15.3580	1/-788677	OK
EX(ES)	1F	4.20	1/550	1	-0.0000	1/-103020	OK	-0.0000	16.4387	1/-1796539	OK
EY(ES)	9F	4.20	1/550	547	0.0002	1/23462	OK	0.0000	20.3123	1/476558	OK
EY(ES)	8F	4.20	1/550	477	0.0002	1/21123	OK	0.0000	35.0380	1/740114	OK
EY(ES)	7F	4.20	1/550	407	0.0002	1/19242	OK	0.0000	141.7229	1/2745331	OK
EY(ES)	6F	4.20	1/550	328	-0.0002	1/-17669	OK	-0.0000	79.4340	1/-1421153	OK

图 3.4-14　层间位移角

这里，需要给读者提醒两个实际项目中经常容易用到的地方，第一个是层间位移角的限值设置，如图 3.4-15 所示。在层间位移角菜单栏，点击右键定义即可。

图 3.4-15　设置层间位移角限值

另一个是关于偶然偏心的问题，具体解释如下。

当定义了某一地震作用工况 EX 后，分析是考虑了偶然偏心，分析后荷载组合中有 EX（RS）和 EX（ES），括号中的 RS 及 ES 分别表示：

（RS）：无偏心地震作用工况；

（ES）：偶然偏心地震作用工况。

注：看层间位移及层间位移角时，应选择无偏心地震作用工况，即 EX（RS）。

6. 层—剪重比验算

选择"结果"→"层"→"剪重比验算"。

此结果可以用来做小震下多模型对比使用，图 3.4-16 为 EX 和 EY 下的剪重比（无偶然偏心）。

层	标高 (mm)	反应谱	地震反应力		楼层剪力						偶然偏心 (mm)	层剪力 (kN)	偶然偏心弯矩 (kN*mm)
			X (kN)	Y (kN)	弹性支承反力		除弹性支承外		包含弹性支承				
					X (kN)	Y (kN)	X (kN)	Y (kN)	X (kN)	Y (kN)			
屋顶	37800.0	EX(RS)	1.3512e+0	-3.7996e+0	0.0000e+0	0.0000e+0	0.0000e+0	0.0000e+0	0.0000e+0	0.0000e+0	9.3000e+002	1.3512e+0	1.2566e+
9F	33600.0	EX(RS)	7.7006e+0	-2.1367e+0	0.0000e+0	0.0000e+0	1.3512e+0	3.7996e+0	1.3512e+0	3.7996e+0	9.3000e+002	7.7006e+0	7.1615e+
8F	29400.0	EX(RS)	6.9424e+0	-1.9194e+0	0.0000e+0	0.0000e+0	2.0995e+0	5.8735e+0	2.0995e+0	5.8735e+0	9.3000e+002	6.9424e+0	6.4564e+
7F	25200.0	EX(RS)	6.3438e+0	-1.7611e+0	0.0000e+0	0.0000e+0	2.7256e+0	7.5883e+0	2.7256e+0	7.5883e+0	9.3000e+002	6.3438e+0	5.8997e+
6F	21000.0	EX(RS)	5.6053e+0	-1.5620e+0	0.0000e+0	0.0000e+0	3.2579e+0	9.0380e+0	3.2579e+0	9.0380e+0	9.3000e+002	5.6053e+0	5.2129e+
5F	16800.0	EX(RS)	4.9581e+0	-1.3934e+0	0.0000e+0	0.0000e+0	3.6983e+0	1.0236e+0	3.6983e+0	1.0236e+0	9.3000e+002	4.9581e+0	4.6110e+
4F	12600.0	EX(RS)	4.2579e+0	-1.2208e+0	0.0000e+0	0.0000e+0	4.0436e+0	1.1178e+0	4.0436e+0	1.1178e+0	9.3000e+002	4.2579e+0	3.9598e+
3F	8400.00	EX(RS)	2.9523e+0	-8.6961e+0	0.0000e+0	0.0000e+0	4.2953e+0	1.1873e+0	4.2953e+0	1.1873e+0	9.3000e+002	2.9523e+0	2.7456e+
2F	4200.00	EX(RS)	1.1492e+0	-3.5047e+0	0.0000e+0	0.0000e+0	4.4480e+0	1.2306e+0	4.4480e+0	1.2306e+0	9.3000e+002	1.1492e+0	1.0688e+
1F	0.0000	EX(RS)	-4.5013e+0	1.2464e+0	0.0000e+0	0.0000e+0	4.5013e+0	1.2464e+0	4.5013e+0	1.2464e+0	7.6750e+002	4.5013e+0	3.4548e+
屋顶	37800.0	EY(RS)	3.7889e+0	1.3499e+0	0.0000e+0	0.0000e+0	0.0000e+0	0.0000e+0	0.0000e+0	0.0000e+0	2.1000e+003	1.3499e+0	2.8348e+
9F	33600.0	EY(RS)	2.1353e+0	7.6493e+0	0.0000e+0	0.0000e+0	3.7889e+0	1.3499e+0	3.7889e+0	1.3499e+0	2.1000e+003	7.6493e+0	1.6064e+
8F	29400.0	EY(RS)	1.9248e+0	6.8233e+0	0.0000e+0	0.0000e+0	5.8571e+0	2.0960e+0	5.8571e+0	2.0960e+0	2.1000e+003	6.8233e+0	1.4329e+
7F	25200.0	EY(RS)	1.7779e+0	6.2203e+0	0.0000e+0	0.0000e+0	7.5666e+0	2.7160e+0	7.5666e+0	2.7160e+0	2.1000e+003	6.2203e+0	1.3063e+
6F	21000.0	EY(RS)	1.5925e+0	5.5389e+0	0.0000e+0	0.0000e+0	9.0155e+0	3.2383e+0	9.0155e+0	3.2383e+0	2.1000e+003	5.5389e+0	1.1632e+
5F	16800.0	EY(RS)	1.4236e+0	4.9221e+0	0.0000e+0	0.0000e+0	1.0221e+0	3.6696e+0	1.0221e+0	3.6696e+0	2.1000e+003	4.9221e+0	1.0336e+
4F	12600.0	EY(RS)	1.2268e+0	4.2264e+0	0.0000e+0	0.0000e+0	1.1175e+0	4.0097e+0	1.1175e+0	4.0097e+0	2.1000e+003	4.2264e+0	8.8754e+
3F	8400.00	EY(RS)	8.5036e+0	2.9530e+0	0.0000e+0	0.0000e+0	1.1880e+0	4.2598e+0	1.1880e+0	4.2598e+0	2.1000e+003	2.9530e+0	6.2013e+
2F	4200.00	EY(RS)	3.3051e+0	1.1745e+0	0.0000e+0	0.0000e+0	1.2312e+0	4.4136e+0	1.2312e+0	4.4136e+0	2.1000e+003	1.1745e+0	2.4665e+
1F	0.0000	EY(RS)	-1.2464e+0	-4.4688e+0	0.0000e+0	0.0000e+0	1.2464e+0	4.4688e+0	1.2464e+0	4.4688e+0	2.1000e+003	4.4688e+0	9.3844e+

图 3.4-16　剪重比

7. 层—扭转不规则验算

选择"结果"→"层"→"扭转不规则验算"。

此结果可以用来做小震下多模型对比使用，图 3.4-17 为 EX 和 EY 下的位移比（偶然偏心）。

荷载工况	层	标高(mm)	层高度(mm)	端点平均值		最大值		验算
				层间位移(mm)	1.2*层间位移(mm)	节点	层间位移(mm)	
EX(ES)	9F	33600.00	4200.00	0.0763	0.0916	550	0.0766	规则
EX(ES)	8F	29400.00	4200.00	0.0885	0.1061	480	0.0886	规则
EX(ES)	7F	25200.00	4200.00	0.1014	0.1216	410	0.1015	规则
EX(ES)	6F	21000.00	4200.00	0.1129	0.1354	340	0.1129	规则
EX(ES)	5F	16800.00	4200.00	0.1208	0.1449	263	0.1208	规则
EX(ES)	4F	12600.00	4200.00	0.1227	0.1473	193	0.1228	规则
EX(ES)	3F	8400.00	4200.00	0.1151	0.1382	123	0.1153	规则
EX(ES)	2F	4200.00	4200.00	0.0921	0.1106	28	0.0923	规则
EX(ES)	1F	0.00	4200.00	0.0431	0.0518	11	0.0432	规则
EY(ES)	9F	33600.00	4200.00	0.1756	0.2107	547	0.1792	规则
EY(ES)	8F	29400.00	4200.00	0.1990	0.2388	477	0.1990	规则
EY(ES)	7F	25200.00	4200.00	0.2230	0.2676	410	0.2276	规则
EY(ES)	6F	21000.00	4200.00	0.2436	0.2923	340	0.2530	规则
EY(ES)	5F	16800.00	4200.00	0.2565	0.3078	270	0.2704	规则
EY(ES)	4F	12600.00	4200.00	0.2572	0.3086	200	0.2746	规则
EY(ES)	3F	8400.00	4200.00	0.2386	0.2863	130	0.2574	规则
EY(ES)	2F	4200.00	4200.00	0.1895	0.2274	18	0.2059	规则
EY(ES)	1F	0.00	4200.00	0.0890	0.1069	1	0.0964	规则

图 3.4-17　位移比

8. 层—侧向刚度不规则验算

选择"结果"→"层"→"侧向刚度不规则验算"。

此结果可以用来做小震下多模型对比使用，图 3.4-18 为 EX 和 EY 下的侧向刚度比（无偶然偏心）。

荷载工况	层	标高(mm)	层高度(mm)	层间位移(mm)	层剪力(kN)	层刚度(kN/mm)	上部层刚度		层刚度比	验算
							0.7Ku1	0.8Ku123		
EX(RS)	9F	33600.00	4200.00	1.3787	1351.16	980.05	0.00	0.00	0.000	规则
EX(RS)	8F	29400.00	4200.00	1.5689	2099.46	1338.14	686.03	0.00	1.951	规则
EX(RS)	7F	25200.00	4200.00	1.7687	2725.57	1540.99	936.70	0.00	1.645	规则
EX(RS)	6F	21000.00	4200.00	1.9348	3257.87	1683.81	1078.70	1029.12	1.561	规则
EX(RS)	5F	16800.00	4200.00	2.0289	3698.29	1822.83	1178.67	1216.79	1.498	规则
EX(RS)	4F	12600.00	4200.00	2.0106	4043.56	2011.08	1275.98	1346.03	1.494	规则
EX(RS)	3F	8400.00	4200.00	1.8284	4295.26	2349.15	1407.75	1471.39	1.597	规则
EX(RS)	2F	4200.00	4200.00	1.4082	4447.95	3158.65	1644.40	1648.81	1.916	规则
EX(RS)	1F	0.00	4200.00	0.6267	4501.34	7183.00	2211.05	2005.03	3.249	规则
EY(RS)	9F	33600.00	4200.00	0.3831	378.89	988.90	0.00	0.00	0.000	规则
EY(RS)	8F	29400.00	4200.00	0.4365	585.71	1341.77	692.23	0.00	1.938	规则
EY(RS)	7F	25200.00	4200.00	0.4925	756.66	1536.24	939.24	0.00	1.636	规则
EY(RS)	6F	21000.00	4200.00	0.5394	901.55	1671.35	1075.37	1031.18	1.554	规则
EY(RS)	5F	16800.00	4200.00	0.5666	1022.06	1803.85	1169.94	1213.16	1.487	规则
EY(RS)	4F	12600.00	4200.00	0.5628	1117.51	1985.46	1262.69	1336.38	1.486	规则
EY(RS)	3F	8400.00	4200.00	0.5134	1187.96	2314.12	1389.82	1456.17	1.589	规则
EY(RS)	2F	4200.00	4200.00	0.3967	1231.17	3103.79	1619.89	1627.58	1.907	规则
EY(RS)	1F	0.00	4200.00	0.1768	1246.39	7048.45	2172.66	1974.23	3.244	规则

刚度不规则(X)　刚度不规则(Y)

图 3.4-18　侧向刚度比（一）

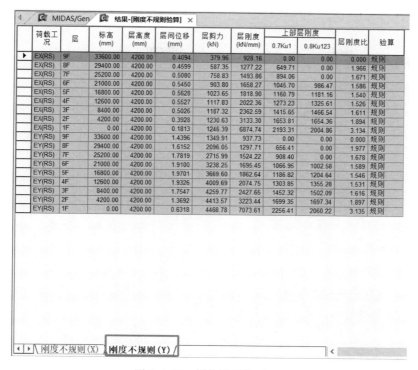

图 3.4-18　侧向刚度比（二）

9. 层—强度不规则验算

选择"结果"→"层"→"强度不规则验算"。

此结果可以用来做小震下多模型对比使用，图 3.4-19 为 EX 和 EY 下的层间受剪承载力比值。

层	标高 (mm)	层高度 (mm)	角度1 ([deg])	层剪力1 (kN)	上部层剪力1 (kN)	层剪力比1	注释1	角度2 ([deg])	层剪力2 (kN)	上部层剪力2 (kN)	层剪力比2	注释2
角度 = 0 [Deg]												
输入角度后请按'适用'键。			0.00	适用								
9F	33600.00	4200.00	0.00	16768.2561	0.0000	0.0000	规则	90.00	14932.2344	0.0000	0.0000	规则
8F	29400.00	4200.00	0.00	19919.3760	16768.2561	1.1879	规则	90.00	17398.2903	14932.2344	1.1651	规则
7F	25200.00	4200.00	0.00	23010.7943	19919.3760	1.1552	规则	90.00	19820.0316	17398.2903	1.1392	规则
6F	21000.00	4200.00	0.00	26092.0982	23010.7943	1.1339	规则	90.00	22234.2653	19820.0316	1.1218	规则
5F	16800.00	4200.00	0.00	29147.2187	26092.0982	1.1171	规则	90.00	24629.0639	22234.2653	1.1077	规则
4F	12600.00	4200.00	0.00	32173.5029	29147.2187	1.1038	规则	90.00	27002.4583	24629.0639	1.0964	规则
3F	8400.00	4200.00	0.00	35163.2835	32173.5029	1.0929	规则	90.00	29348.5174	27002.4583	1.0869	规则
2F	4200.00	4200.00	0.00	38056.4740	35163.2835	1.0823	规则	90.00	31608.2248	29348.5174	1.0770	规则
1F	0.00	4200.00	0.00	40845.2899	38056.4740	1.0733	规则	90.00	33780.8324	31608.2248	1.0687	规则

图 3.4-19　层间受剪承载力比值

10. 层—倾覆弯矩

选择"结果"→"层"→"倾覆弯矩"。

此结果可以用来做小震下多模型对比使用，图 3.4-20 为 EX 和 EY 下的倾覆弯矩。

荷载工况	层	标高 (m)	层高度 (m)	角度1 ([deg])	竖向构件的倾覆弯矩 (kN*m)				角度2 ([deg])	竖向构件的倾覆弯矩 (kN*m)			
					框架		墙单元			框架		墙单元	
					Value	比值	Value	比值		Value	比值	Value	比值
静力荷载工况结果角度：0 [度]													
输入角度后请按·适用·键。				0.00	适用								
EX(RS)	9F	33.60	4.20	0.00	1655.62	0.29	4019.25	0.71	90.00	-527.56	0.33	-1068.29	0.67
EX(RS)	8F	29.40	4.20	0.00	3112.26	0.21	11380.34	0.79	90.00	-971.11	0.24	-3091.62	0.76
EX(RS)	7F	25.20	4.20	0.00	4871.16	0.19	21068.85	0.81	90.00	-1499.68	0.21	-5750.15	0.79
EX(RS)	6F	21.00	4.20	0.00	6809.78	0.17	32813.28	0.83	90.00	-2069.41	0.19	-8976.38	0.81
EX(RS)	5F	16.80	4.20	0.00	8873.57	0.16	46282.30	0.84	90.00	-2666.74	0.17	-12678.38	0.83
EX(RS)	4F	12.60	4.20	0.00	10958.62	0.15	61180.22	0.85	90.00	-3264.60	0.16	-16775.42	0.84
EX(RS)	3F	8.40	4.20	0.00	12924.16	0.14	77254.75	0.86	90.00	-3825.52	0.15	-21201.26	0.85
EX(RS)	2F	4.20	4.20	0.00	14559.19	0.13	94301.12	0.87	90.00	-4303.59	0.14	-25891.83	0.86
EX(RS)	1F	0.00	4.20	0.00	15636.56	0.12	112129.36	0.88	90.00	-4638.76	0.13	-30791.49	0.87
EY(RS)	9F	33.60	4.20	90.00	1209.69	0.21	4459.95	0.79	180.00	-264.40	0.17	-1326.93	0.83
EY(RS)	8F	29.40	4.20	90.00	2302.86	0.16	12170.19	0.84	180.00	-516.70	0.13	-3534.62	0.87
EY(RS)	7F	25.20	4.20	90.00	3621.72	0.14	22258.49	0.86	180.00	-833.29	0.12	-6395.98	0.88
EY(RS)	6F	21.00	4.20	90.00	5071.10	0.13	34409.79	0.87	180.00	-1193.30	0.11	-9822.47	0.89
EY(RS)	5F	16.80	4.20	90.00	6613.47	0.12	48279.76	0.88	180.00	-1586.98	0.10	-13721.47	0.90
EY(RS)	4F	12.60	4.20	90.00	8182.99	0.11	63550.92	0.89	180.00	-1992.89	0.10	-18009.08	0.90
EY(RS)	3F	8.40	4.20	90.00	9693.14	0.11	79931.81	0.89	180.00	-2384.53	0.10	-22606.86	0.90
EY(RS)	2F	4.20	4.20	90.00	11012.98	0.10	97148.96	0.90	180.00	-2710.27	0.09	-27452.04	0.91
EY(RS)	1F	0.00	4.20	90.00	12047.04	0.09	114883.79	0.91	180.00	-2949.82	0.08	-32447.32	0.92

图 3.4-20　倾覆弯矩

以上是用 midas Gen 查看高层建筑混凝土结构计算结果指标的所有内容。实际项目中，读者可以根据自身需求进行有针对性的查看。

更多关于结构整体指标查看的内容及规范要求，请扫码查看视频 3.4（10 个）。

视频 3.4-1
轻松看指标系列
之平均重度

视频 3.4-2
轻松看指标系列
之周期

视频 3.4-3
轻松看指标系列
之层间位移角

视频 3.4-4
轻松看指标系列
之剪重比

视频 3.4-5
轻松看指标系列
之周期比

视频 3.4-6
轻松看指标系列
之扭转位移比

视频 3.4-7
轻松看指标系列
之侧向刚度比

视频 3.4-8
轻松看指标系列
之层间受剪承载力比

视频 3.4-9
轻松看指标系列
之刚重比

视频 3.4-10
轻松看指标系列
之轴压比

3.5　高层混凝土结构案例思路拓展

1. 带有层概念的多高层结构的有限元分析

本案例虽然是钢筋混凝土框架-剪力墙结构，但是它的分析思路适用于所有带有层概念的多高层结构，比如组合结构、多高层钢结构等。区别在于一些材料细节定义、阻尼比的定义等。

读者可以根据具体项目进行试算拓展。

2. 地震作用的分析

本案例地震作用计算采用的是反应谱法，这也是规范推荐的主流方法。读者可以在此基础上，进一步拓展其他的地震作用计算的方法，比如时程分析法等。

3. 楼板的应力分析

常规的多高层结构进行整体计算，一般采用楼面荷载分配的方式进行分析。如果遇到特殊情况，比如楼板大开洞、超长结构等，需要针对楼板进行特定的分析。这时，须对楼板进行有限元计算，读者可以此为基础进行拓展。

3.6 高层混凝土结构小结

多高层钢筋混凝土框架剪力墙结构是实际项目中应用很广的一类结构体系。实际项目中，读者通过本章节可以充分利用 Gen 做好小震的对比分析，根据具体需求提取相关结构指标。

本章是 Gen 有限元的入门章节。在前两章案例的基础上，新增加了与层概念相关的基本操作。新手读者务必结合案例，亲自操作体验一遍。同时，提醒读者在熟练后，要学会利用其他软件进行模型转换，这样可以事半功倍。

第**4**章

巨型广告牌龙骨结构计算分析

4.1 巨型广告牌龙骨结构案例背景

4.1.1 初识广告牌

广告牌在日常生活中随处可见，对结构设计师而言，可透过表面五彩斑斓的广告看背后的龙骨结构，一般分为落地式广告牌、墙面式广告牌和屋顶式广告牌三大类（图 4.1-1）。

图 4.1-1　广告牌

4.1.2 案例背景

本案例根据某实际项目进行改编而成。

基本项目信息：此项目位于山西太原某广场，开发商设置一个 25m 高的巨型广告牌。

结构构件主要截面尺寸：龙骨采用箱形截面，材质为 Q355，截面尺寸初步选择：主龙骨∟ 450×250×6，次龙骨∟ 300×200×6，弦杆∟ 250×150×6，斜腹杆∟ 250×150×4。

结构荷载信息：

风荷载：100 年一遇 0.45kPa，风荷载具体计算见 4.3 节的详细说明；

活荷载：0.5kPa；

附加恒荷载：0.5kPa（根据业主使用要求确定）。

4.2 巨型广告牌龙骨结构概念设计

4.2.1 龙骨结构的本质

无论是广告牌还是玻璃幕墙，对结构设计师而言，最重要的是支撑它的龙骨。而龙骨结构一般实际项目中以钢结构为主。其中，广告牌根据其分类，落地式广告牌以悬臂结构为主，墙面式广告牌以多点支撑的立式面桁架为主，屋顶式广告牌以悬臂结构为主。

这里，要提醒读者，悬臂式的结构不是传统意义上的单根悬臂梁，也可以根据受力扩展为悬臂式桁架。

4.2.2 巨型广告牌的主控荷载

无论何种结构，结构设计师第一时间应该有主控荷载的意识，比如高烈度区的地震控制、东北地区轻钢结构的雪荷载控制、沿海地区的风荷载控制等。对于巨型广告牌的主控荷载应该是风荷载！所以，结构设计的过程中一定要有所侧重，本案例重点关注风荷载。

4.2.3 巨型广告牌的结构选型布置

悬臂型的结构，读者第一反应都是直接用竖向实腹式构件来抵抗，但是鉴于 25m 的高度，直观感觉此方案抵抗水平荷载有问题。

那么，很容易想到用格构式的悬臂构件来抵抗水平风荷载，这也是解决巨型广告牌龙骨的首选。

本案例以此为思路，从悬臂式到格构式进行有限元分析，也是实际项目方案阶段进行结构选型的常规操作。

拓展：更多关于巨型广告牌龙骨的结构选型分析详见视频 4.2.3。

视频 4.2.3
巨型广告牌结构
方案设计

4.3 巨型广告牌龙骨结构 Gen 软件实际操作

结合 4.2 节内容，下面我们以实腹式悬臂构件和格构式悬臂桁架为支撑的两个思路进行模型计算、分析比较。

1. 建模

此类结构的建模，我们一般从其他建模软件进行导入。本案例采用 CAD 辅助建模，导入 dxf 文件的建模方法，读者根据自身项目情况进行选择。

1）材料特性

钢龙骨材料建议采用 Q355 材质。

主要操作：菜单"特性"→"材料特性值"（图 4.3-1）。

2）几何截面

在 4.1 节中，已经对截面尺寸有初步估计：主龙骨∟450×250×6，次龙骨∟300×200×6，弦杆∟250×150×6，斜腹杆∟250×150×4；初选截面可以按长细比进行控制。截面尺寸如图 4.3-2 所示。

这里需要提醒读者的是，户外的钢结构壁厚一般 4mm 起步，主要考虑腐蚀因素以及生产时的负公差。

3）几何建模

模型创建整体上分为外部导入和内部自建两大类，外部导入主要是犀牛（Rhino）参数化建模（参见本丛书中笔者著《Grasshopper 参数化结构设计入门与提高》）和 CAD 线模导入。考虑到前面几个章节已经介绍过 Gen 自建模型的方法，本案例采用第一种外部导入 CAD 线模的方法。后续其他案例，我们介绍外部导入相关的其他方法。

图 4.3-1　材料特性

　　CAD 建模注意分层定义，本案例建议主龙骨、次龙骨、斜向弦杆、腹杆分别定义图层，便于下一步指定截面。CAD 建模如图 4.3-3 所示。

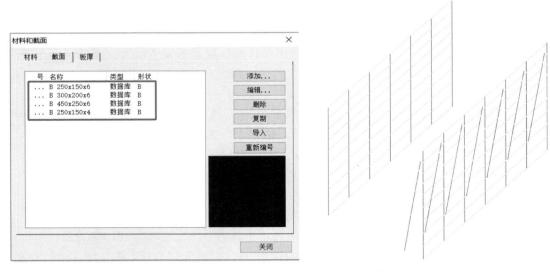

图 4.3-2　截面尺寸　　　　　　　　　图 4.3-3　CAD 建模

　　CAD 建模完成后，另存为 dxf 文件。打开 midas，导入 dxf 文件。

　　主要操作：菜单"导入"→"导入 DXF 文件"（图 4.3-4）

　　在图 4.3-4 中，务必注意放大系数，要求 CAD 中的尺寸和 Gen 中的尺寸相对应。

　　导入线模后，下一步在此基础上利用右侧树形菜单中的组分别选中组中杆件，左侧树形菜单拖拽相应截面赋值，总结起来称为"右侧组选，左侧赋值"。这里的组是根据 CAD 图层进行分类的，如图 4.3-5 所示。

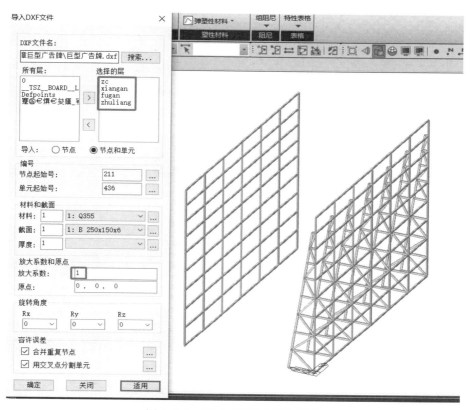

图 4.3-4　"导入 DXF 文件"菜单

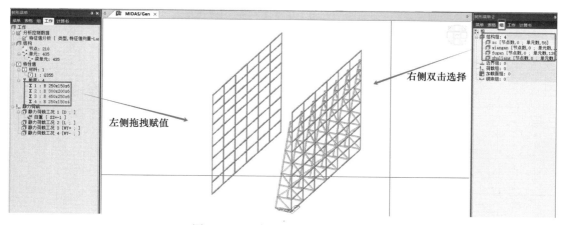

图 4.3-5　根据 CAD 图层对组分类

通过设置中的随机颜色，方便对不同截面尺寸杆件按颜色显示，如图 4.3-6 所示。到此为止，主体模型搭建完毕！

2. 边界约束

落地式广告牌一般有单独的基础，考虑到悬臂尺寸较大，建议采用刚接柱脚。弦杆和腹杆之间、主次龙骨之间采用铰接连接来模拟。

图 4.3-7 为支座附加约束。

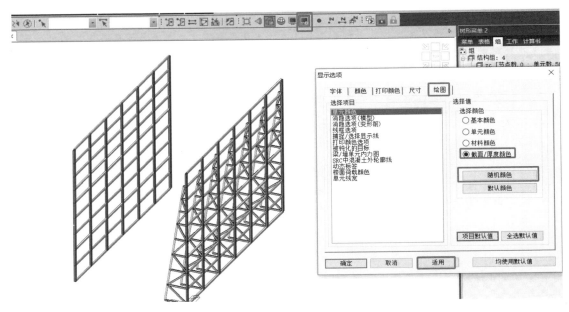

图 4.3-6　按颜色显示

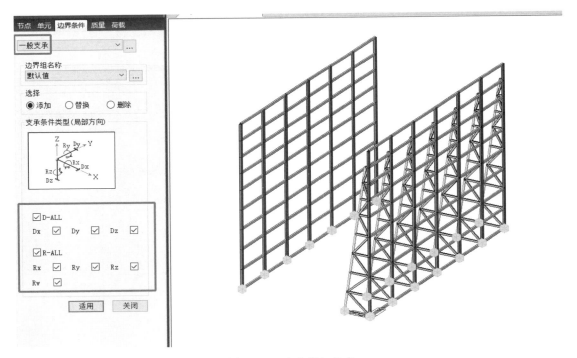

图 4.3-7　支座附加约束

图 4.3-8 为杆件间的铰接约束。

3. 加载

1）荷载工况

本案例主要考虑的荷载有恒荷载、活荷载和风荷载，如图 4.3-9 所示。

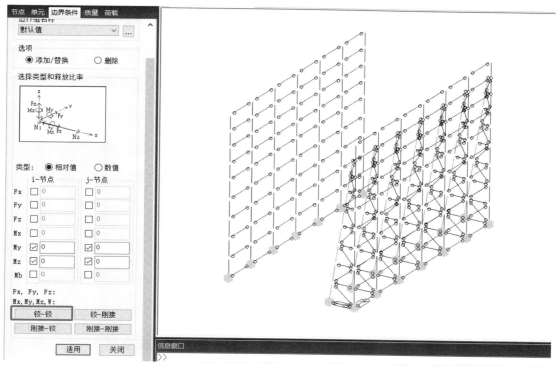

图 4.3-8　杆件间的铰接约束

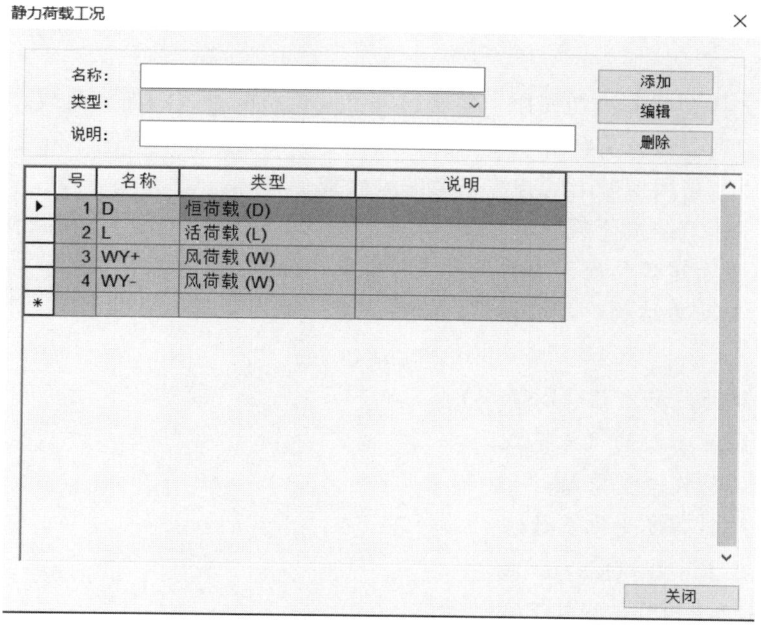

图 4.3-9　荷载工况

读者需要留意的是风荷载工况定义了 Y 轴的两个方向，没有考虑 X 方向。这是抓住主要矛盾 Y 方向受风面比较大，X 方向不起主控作用的原因。

另外，因为落地广告牌质量轻，地震作用一般也不起主控作用。

2) 自重

自重为所有结构客观存在的属性，如图 4.3-10 所示。

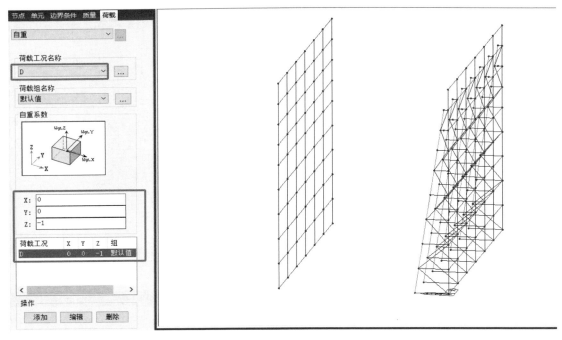

图 4.3-10　自重

3) 风荷载

本案例 Y 向风荷载起主控作用，采用楼面分配荷载的方式添加风荷载。

首先，我们需要对风荷载有个整体的认识。实际中的风是随时间不断变化的，为了设计方便，我国规范采用拟静力的方法来考虑风荷载。

下面摘录《建筑结构荷载规范》GB 50009—2012 第 8.1.1 条与风荷载相关的条文。

8.1.1　垂直于建筑物表面上的风荷载标准值，应按下列规定确定：

1　计算主要受力结构时，应按下式计算：

$$w_{\mathrm{k}} = \beta_z \mu_s \mu_z w_0 \tag{8.1.1-1}$$

式中：w_{k}——风荷载标准值（$\mathrm{kN/m^2}$）；

　　　β_z——高度 z 处的风振系数；

　　　μ_s——风荷载体型系数；

　　　μ_z——风压高度变化系数；

　　　w_0——基本风压（$\mathrm{kN/m^2}$）。

2　计算围护结构时，应按下式计算：

$$w_{\mathrm{k}} = \beta_{\mathrm{gz}} \mu_{\mathrm{s1}} \mu_z w_0 \tag{8.1.1-2}$$

式中：β_{gz}——高度 z 处的阵风系数；

　　　μ_{s1}——风荷载局部体型系数。

由 8.1.1 条可以看出，风荷载的计算最后都体现在风荷载标准值 w_{k} 上面，针对主要受力结构和围护结构两大类，两者的区别体现在体型系数（整体还是局部）和风振系数（阵风系数）上面。

那么对于广告牌采用主要受力结构计算风荷载还是围护结构计算风荷载呢？《户外广告设施钢结构技术规程》CECS 148：2003 给了我们建议是围护结构，也就是采用局部体型系数和阵风系数。

阵风系数的取值建议读者采用《户外广告设施钢结构技术规程》CECS 148：2003 第 4.2.7 条和《建筑结构荷载规范》GB 50009—2012 第 8.6.1 条的包络，取值 1.67。

局部体型系数根据《建筑结构荷载规范》GB 50009—2012 第 8.3.1 条第 34 项独立墙壁及围墙和第 8.3.3 条放大 1.25 倍，建议取值 1.625。

风压高度变化系数根据《建筑结构荷载规范》GB 50009—2012（以下简称《荷载规范》）第 8.2.1 条，为 1.31。

最后风压标准值为 $0.45 \times 1.67 \times 1.625 \times 1.31 = 1.6 kPa$。

这里额外提醒读者，如果遇到主体结构的风振系数的计算，建议编写 Excel 表格进行计算，结果一目了然，如表 4.3-1 所示。

风振系数计算表 表 4.3-1

参数输入	数值	单位	备注
基本风压 w_0	0.45	kPa	《荷载规范》附录 E 查取
第一周期 T_1	0.3	s	试算结果读取
第一阶振型参与系数 $\phi_1(z)$	0.3		试算结果读取
H	34.5	m	结构总高度
B	81.45	m	结构迎风面宽度，不大于 $2H$
阻尼比 ζ	0.02		《荷载规范》8.4.4 条选取
场地类别	B		《荷载规范》8.2.1 条选取
名义湍流强度 I_{10}	0.14		《荷载规范》8.4.3 条选取
地面粗糙度修正系数 K_w	1		《荷载规范》8.4.4 条选取
k	0.67		《荷载规范》8.4.5-1 表选取
a_1	0.187		
风压高度变化系数 μ_z	1.52		《荷载规范》8.2.1 条选取
输出	数值	单位	备注
x_1	149.0712		适用范围满足下面两个条件：
共振分量因子 R	0.96		1. 对于一般竖向悬臂型结构，例如高层建筑和构架、塔架、烟囱等高耸结构，均可仅考虑结构第一振型的影响；
水平方向相关系数 p_x	0.79		2. 体型和质量沿高度均匀分布的高层建筑和高耸结构；
竖直方向的相关系数 p_z	0.83		对迎风面和侧风面的宽度沿高度按直线或接近直线变化，而质量沿高度按连续规律变化的高耸结构，计算的背景分量因子 B_z 应乘以修正系数 θ_B 和 θ_V
背景分量因子 B_z	0.17		
z 高度处的风振系数 β_z	1.16		

接下来，我们将风荷载通过楼面分配荷载的方式进行添加。

图 4.3-11 为风荷载楼面分配方式的定义。

添加过程提醒读者三点注意事项。一是选择单向导荷，将荷载传递至次龙骨上，再间接传递给主龙骨；二是不勾选"不考虑内部单元的面积"，这样可以自动打断分配给里面每一个次龙骨；三是整体坐标系的选择，方向结合模型选择 Y 方向。最后结果如图 4.3-12 所示。

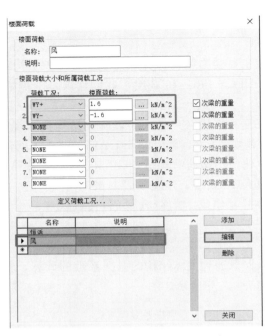

图 4.3-11　风荷载楼面分配方式的定义

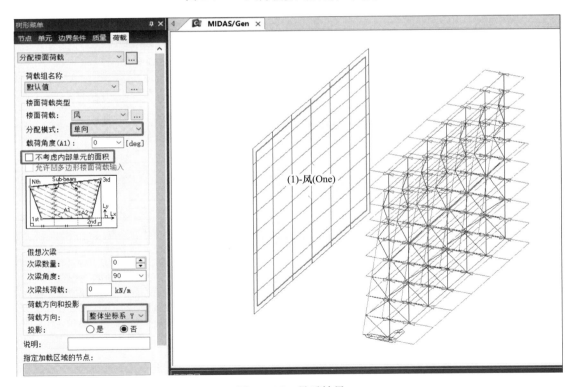

图 4.3-12　最后结果

下面，以同样的方式进行恒荷载和活荷载的施加。

图 4.3-13 是恒荷载与活荷载的定义（负号代表后面整体坐标系中方向为坐标轴负向）。

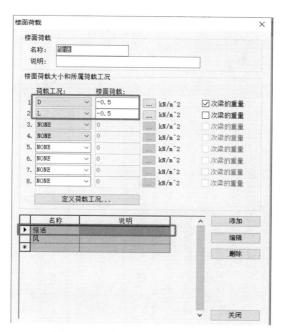

图 4.3-13　恒荷载与活荷载的定义

图 4.3-14 为荷载添加结果。

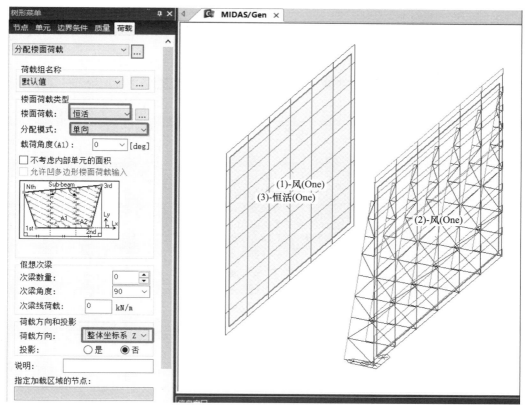

图 4.3-14　荷载添加结果

到此为止，主要荷载添加完毕。读者需要养成检查荷载的习惯，主要是荷载的方向务必准确，荷载的大小可以适当结合手算检查。

图 4.3-15 为右侧树形菜单显示恒荷载和活荷载添加结果的情况。

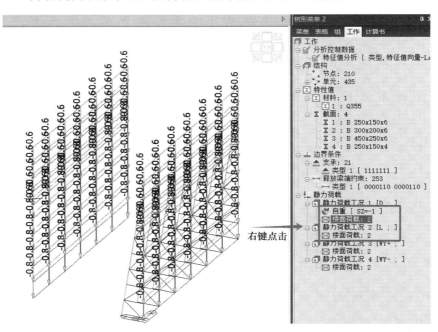

图 4.3-15　恒荷载和活荷载添加结果树形菜单

图 4.3-16 为右侧树形菜单显示 WY＋添加结果的情况。

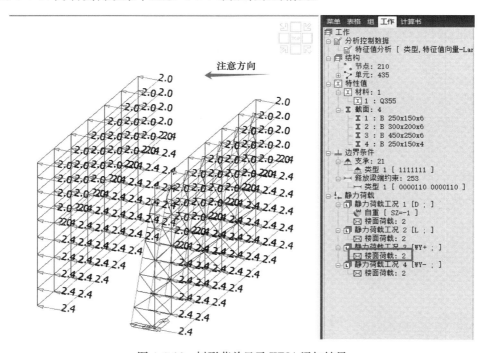

图 4.3-16　树形菜单显示 WY＋添加结果

图 4.3-17 为右侧树形菜单显示 WY—添加结果的情况。

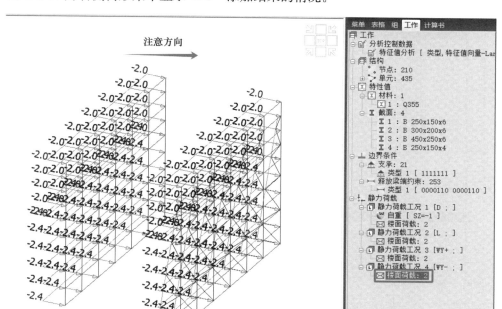

图 4.3-17　树形菜单显示 WY—添加结果

至此，荷载添加完毕！

4. 运行分析

运行分析和之前的章节一样，分为三步走，采用特征值分析，如图 4.3-18 所示。

图 4.3-18　运行分析

5. 后处理

本案例为巨型广告牌钢结构，本质是一个悬臂的钢桁架，我们重点关注计算结果部分的内容，详细解读见第 4.4 节。

4.4　巨型广告牌龙骨结构 Gen 软件结果解读

1. 周期与振型

选择"结果表格"→"周期与振型"。

周期和振型的查看对广告牌这类结构而言很重要的一个目标是检查是否为机构的问题，这对钢结构来说至关重要。如果一个结构体系是机构，那后面的计算结果没有任何意义。

结果如图 4.4-1 所示。

读者同样可以通过动画的形式来观察结构的振型变化，如图 4.4-2 所示。

节点	模态	UX		UY		UZ		RX		RY		RZ	
		MIDAS/Gen		结果-[特征值模态]	✕								
						特征值分析							
	模态号	频率				周期		容许误差					
		(rad/sec)		(cycle/sec)		(sec)							
	1	1.8462		0.2938		3.4033		0.0000e+000					
	2	2.6617		0.4236		2.3606		0.0000e+000					
	3	2.7192		0.4328		2.3107		0.0000e+000					
	4	2.9032		0.4621		2.1642		0.0000e+000					
	5	3.9328		0.6259		1.5976		0.0000e+000					
	6	4.9607		0.7895		1.2666		6.6270e-158					
	7	5.7352		0.9128		1.0955		6.5756e-145					
	8	6.1633		0.9809		1.0194		2.0116e-124					
	9	6.1639		0.9810		1.0193		7.4499e-122					
	10	6.1641		0.9810		1.0193		2.0859e-120					
	11	6.1641		0.9810		1.0193		7.7803e-120					
	12	6.1641		0.9811		1.0193		2.5205e-119					
	13	6.1641		0.9811		1.0193		2.6679e-119					
	14	6.2310		0.9917		1.0084		2.4831e-133					
	15	6.4627		1.0286		0.9722		6.9084e-135					

模态号	TRAN-X		TRAN-Y		TRAN-Z		ROTN-X		ROTN-Y		ROTN-Z	
	质量(%)	合计(%)	质量(%)	合计(%)	质量(%)	合计(%)	质量(%)	合计(%)	质量(%)	合计(%)	质量(%)	合计(%)
1	0.0000	0.0000	26.5122	26.5122	0.0000	0.0000	5.7252	5.7252	0.0000	0.0000	0.0000	0.0000
2	38.7056	38.7056	0.0000	26.5122	0.0000	0.0000	0.0000	5.7252	4.7193	4.7193	11.2204	11.2204
3	0.0000	38.7056	0.0000	26.5122	0.0000	0.0000	0.0000	5.7252	0.0000	4.7193	15.2180	26.4384
4	26.5447	65.2504	0.0000	26.5122	0.0000	0.0000	0.0000	5.7252	4.4952	9.2145	16.2960	42.7344
5	0.0000	65.2504	0.0282	26.5404	0.0000	0.0000	0.0086	5.7338	0.0000	9.2145	0.0000	42.7344
6	0.0000	65.2504	0.0000	26.5404	0.0000	0.0000	0.0000	5.7338	0.0000	9.2145	0.4249	43.1593
7	0.0000	65.2504	0.0011	26.5415	0.0000	0.0000	0.0033	5.7371	0.0000	9.2145	0.0000	43.1593
8	0.0000	65.2504	0.0000	26.5415	0.0000	0.0000	0.0000	5.7371	0.0000	9.2145	0.0000	43.1593
9	0.0000	65.2504	0.0000	26.5415	0.0000	0.0000	0.0000	5.7371	0.0000	9.2145	0.0000	43.1593

图 4.4-1　周期与振型结果

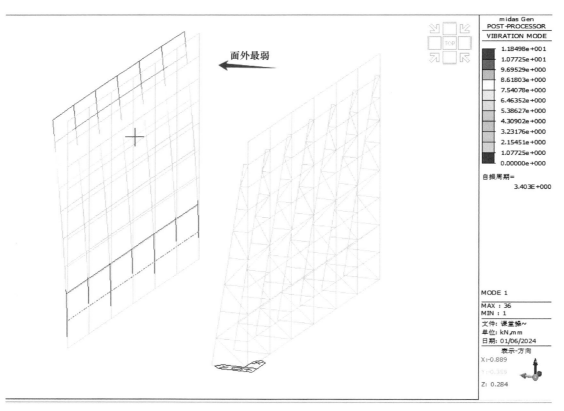

图 4.4-2　结构振型变化动画形式

动画的形式往往可以形象地告诉设计师结构的性能。从能量的角度看，第一振型是激发结构振动需要最少的能量。本案例属于方案对比的范畴，观察前面十个振型动画，可以发现很多振型都是图 4.4-2 左侧结构的振动。这进一步说明，此类结构的刚度较弱，不适用于巨型的广告牌结构。

2. 荷载组合

本案例将进一步对荷载组合进行介绍，方便后面计算结果的查看。

传统的 Gen 荷载组合一般通过图 4.4-3 的模式设置生成。

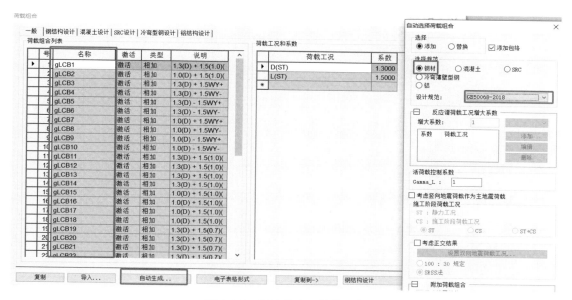

图 4.4-3　传统的 Gen 荷载组合

这样做的好处是省事，但是读者观察名称不难发现，gLCB***无法直观地看到真正的荷载组合到底是什么，因此建议读者通过 Excel 进行转化。

图 4.4-4 为 Excel 替换结果。

将其复制粘贴到 Gen 内的荷载组合中，如图 4.4-5 所示。

由图 4.4-5 可以看出，名称已经直观地展现给设计师，后续结果查看可以非常方便。

注：为了更方便地了解荷载组合，我们将其中重要的名称汇总如下，方便读者查阅。

1) "一般" 荷载组合与 "设计" 荷载组合的主要区别是："一般" 荷载组合中有包络组合，"设计" 荷载组合中无包络组合；"一般" 荷载组合主要用于查看计算分析的结果，"设计" 荷载组合主要用于构件的设计。

gLCB：一般荷载组合。

sLCB：钢结构设计荷载组合。

cLCB：混凝土设计荷载组合。

rLCB：SRC 设计荷载组合。

ST：静力工况。

CS：施工阶段荷载工况。

当定义了某一地震作用工况 EX 后，分析时考虑了偶然偏心，分析后荷载组合中有 EX（RS）和 EX（ES），括号中的 RS 及 ES 分别表示：

左侧列表：
```
1.3D+ 1.5L
D+ 1.5L
1.3D+ 1.5Y+
1.3D- 1.5Y-
1.3D- 1.5Y+
1.3D- 1.5Y-
D+ 1.5Y+
D+ 1.5Y-
D- 1.5Y+
D- 1.5Y-
1.3D+ 1.5L+ 0.9Y+
1.3D+ 1.5L+ 0.9Y-
1.3D+ 1.5L- 0.9Y+
1.3D+ 1.5L- 0.9Y-
D+ 1.5L+ 0.9Y+
D+ 1.5L+ 0.9Y-
D+ 1.5L- 0.9Y+
D+ 1.5L- 0.9Y-
1.3D+ 1.05L+ 1.5Y+
1.3D+ 1.05L+ 1.5Y-
1.3D+ 1.05L- 1.5Y+
1.3D+ 1.05L- 1.5Y-
D+ 1.05L+ 1.5Y+
D+ 1.05L+ 1.5Y-
D+ 1.05L- 1.5Y+
D+ 1.05L- 1.5Y-
D+ L
D+ Y+
D+ Y-
D- Y+
D- Y-
D+ L+ 0.6Y+
```

图 4.4-4　Excel 替换结果　　　　图 4.4-5　复制粘贴到 Gen 内的荷载组合中

（RS）：无偏心地震作用工况。

（ES）：偶然偏心地震作用工况。

2）激活

激活决定和控制在后处理模式中是否使用该荷载组合。

激活：在后处理模式中，可以查看该荷载组合的结果。仅适用于"一般"表单中。

钝化：在后处理模式中，不能查看该荷载组合的结果。

3）类型

类型为指定分析结果的组合类型。

相加：各荷载工况的分析结果的线性相加。

L1＋L2＋…＋M1＋M2＋…＋S1＋S2＋…＋（R1＋R2＋…）＋T＋LCB1＋LCB2＋…＋ENV1＋ENV2＋…

包络：各荷载工况的分析结果中的最大值、最小值以及绝对值的最大值结果。

ENV_STR 为承载力极限状态的包络，ENV_SER 为正常使用极限状态的包络。

CBmax：Max（L1，L2，…，M1，M2，…，S1，S2，…，R1，R2，…，T，LCB1，LCB2，…，ENV1，ENV2，…）

CBmin：Min（L1，L2，…，M1，M2，…，S1，S2，…，R1，R2，…，T，LCB1，LCB2，…，ENV1，ENV2，…）

CBall：Max（｜L1｜，｜L2｜，…，｜M1｜，｜M2｜，…，｜S1｜，｜S2｜，…，｜R1｜，｜R2｜，…，｜T｜，｜LCB1｜，｜LCB2｜，…，｜ENV1｜，｜ENV2｜，…）

ABS：反应谱分析中各方向地震荷载工况分析结果的绝对值之和与其他荷载工况分析结果线性相加。

L1＋L2＋…＋M1＋M2＋…＋S1＋S2＋…＋（｜R1｜＋｜R2｜＋…）＋T＋LCB1＋LCB2＋…＋ENV1＋ENV2＋…

SRSS：反应谱分析中各方向地震荷载工况分析结果的平方和的 1/2 次方值与其他荷载工况分析结果线性相加。

$L1＋L2＋…＋M1＋M2＋…＋S1＋S2＋…＋（R1^2＋R2^2＋…）^{1/2}＋T＋LCB1＋LCB2＋…＋ENV1＋ENV2＋…$

其中，

L：各荷载工况的分析结果（已经乘以荷载安全系数的结果）。

M：移动荷载工况的分析结果（已经乘以荷载安全系数的结果）。

S：支座沉降荷载工况的分析结果（已经乘以荷载安全系数的结果）。

R：反应谱荷载工况的动力分析结果（已经乘以荷载安全系数的结果）。

T：时程分析工况的动力分析结果（已经乘以荷载安全系数的结果）。

LCB：将荷载组合转换为荷载工况后的分析结果（已经乘以荷载安全系数的结果）。

ENV：将按包络类型组合的荷载组合转换为荷载工况后的分析结果（已经乘以荷载安全系数的结果）。

3. 支座反力

选择"结果"→"反力"。

对本案例而言，反力的查看主要是用来进行基础设计，判断支座设计的可行性。

图 4.4-6 为竖向荷载作用下的支座反力，数值上看对基础和柱脚设计没什么难度，以压力为主。

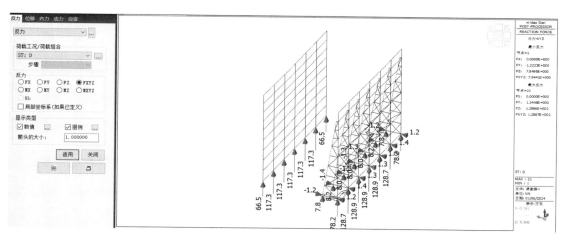

图 4.4-6　竖向荷载作用下的支座反力

图 4.4-7 为风荷载作用下的支座反力（力部分）。左侧的悬臂结构对基础和柱脚以水

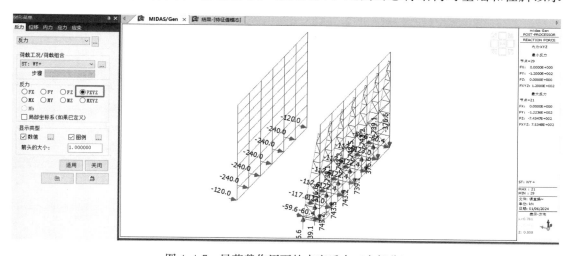

图 4.4-7　风荷载作用下的支座反力（力部分）

平剪力为主，右侧的悬臂桁架以水平剪力和轴力为主，同时右侧悬臂桁架的轴力形成的拉压力抵消了一部分水平剪力。

图 4.4-8 为风荷载作用下的支座反力（弯矩部分）。左侧悬臂结构弯矩非常大，对基础和柱脚设计造成了很大的难度，实现的代价非常大。

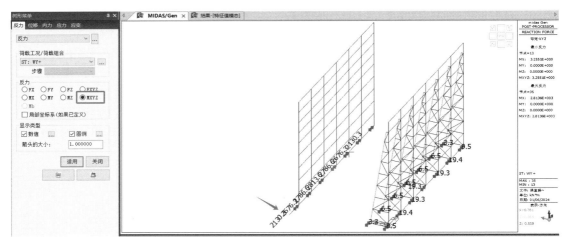

图 4.4-8　风荷载作用下的支座反力（弯矩部分）

4. 变形

选择"结果"→"变形"→"位移等值线"。

本案例主要查看水平荷载作用下的顶部变形和竖向荷载作用下次龙骨结构的挠度。

图 4.4-9 为 D＋WY＋作用下的位移等值线。

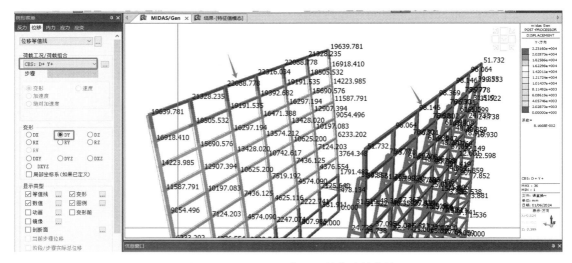

图 4.4-9　D＋WY＋作用下的位移等值线

结构顶部位移的限制可以参考《钢结构设计标准》GB 50017—2017 附录 B.2.1-1 的表格，如表 4.4-1 所示。

风荷载作用下单层钢结构柱顶水平位移容许值		表 4.4-1
结构体系	吊车情况	柱顶水平位移
排架、框架	无桥式起重机	$H/150$
	有桥式起重机	$H/400$

位移限值：$25000/150＝167\text{mm}$。

左侧悬臂结构远超限值，右侧悬臂桁架最大位移 98mm，在规范限值内。

接着，看竖向荷载作用下次龙骨钢梁的挠度，如图 4.4-10 所示。

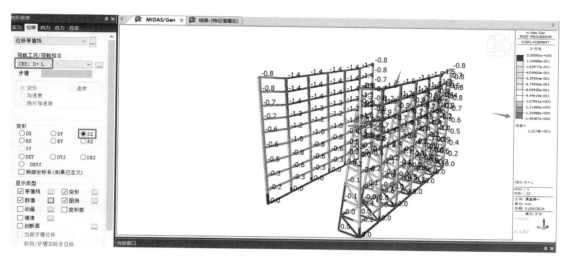

图 4.4-10　竖向荷载作用下次龙骨钢梁的挠度

钢梁的挠度限制可以参考《钢结构设计标准》GB 50017—2017 附录 B 的表格，如表 4.4-2 所示。

受弯构件的挠度容许值		表 4.4-2

构件类别	挠度容许值	
	$[\nu_T]$	$[\nu_Q]$
4　楼（屋）盖梁或桁架、工作平台梁（第 3 项除外）和平台板 1）主梁或桁架（包括设有悬挂起重设备的梁和桁架） 2）仅支承压型金属板屋面和冷弯型钢檩条 3）除支承压型金属板屋面和冷弯型钢檩条外，尚有吊顶 4）抹灰顶棚的次梁 5）除第 1）款～第 4）款外的其他梁（包括楼梯梁） 6）屋盖檩条 　支承压型金属板屋面者 　支承其他屋面材料者 　有吊顶 7）平台板	$l/400$ $l/180$ $l/240$ $l/250$ $l/250$ $l/150$ $l/200$ $l/240$ $l/150$	$l/500$ $l/350$ $l/300$ — — — —

位移限值：$6000/400＝15\text{mm}$。

由图 4.4-10 可以看出，变形均在规范限值内。

5. 内力

选择"结果"→"内力"→"梁单元内力图"

本案例结构内力的查看我们重点分析竖向荷载和水平风荷载下的内力变化。

首先,查看竖向荷载作用下的内力。

图 4.4-11 为竖向荷载作用下的轴力分布,两个结构均符合从上到下轴力逐渐增大、从中间到两边轴力逐渐减小的特征。

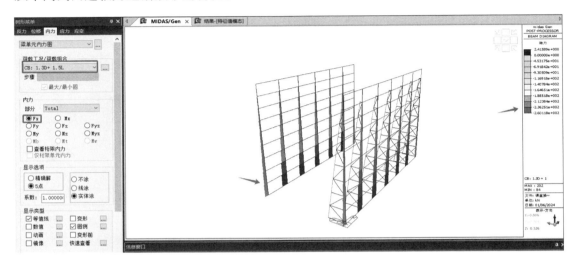

图 4.4-11　竖向荷载作用下的轴力分布

图 4.4-12 为竖向荷载作用下的弯矩分布,两个结构中的次梁均典型的受弯构件。

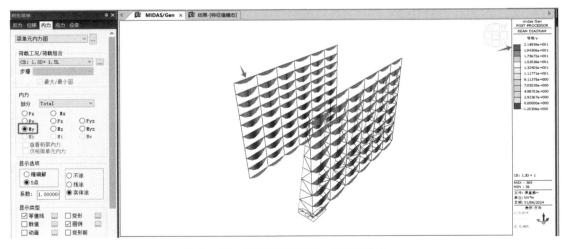

图 4.4-12　竖向荷载作用下的弯矩分布

从上面也可以看出,在竖向荷载作用下,内力变化几乎一致。

下面,我们观察水平荷载作用下的内力变化。

图 4.4-13 为 1.3D+1.5WY+作用下的轴力,可以看出右侧结构有明显的拉压力,来抵抗水平荷载。

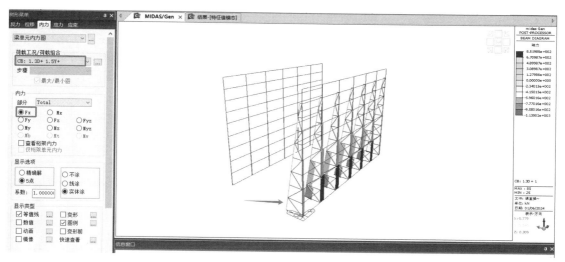

图 4.4-13 1.3D+1.5WY+作用下的轴力

图 4.4-14 为 1.3D+1.5WY+作用下的弯矩（M_z），可以看出左侧结构有明显的面外弯矩，来抵抗水平荷载。

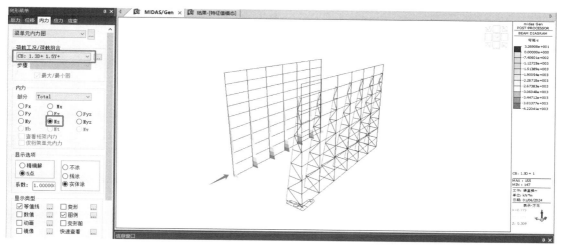

图 4.4-14 1.3D+1.5WY+作用下的弯矩

这里，对水平风荷载下的内力做一个小结：左侧的悬臂结构靠弯矩来抵抗水平风荷载，根部巨大的弯矩数值给基础和柱脚设计带来困难；右侧悬臂桁架结构靠拉压力形成的弯矩来抵抗水平风荷载，其数值可以通过桁架的高度来进行调整（调整范围受场地限制）。

到此为止，巨型广告牌龙骨结构结果解读部分告一段落，构件层面的设计和之前章节类似，读者可以自行查看。

4.5 巨型广告牌龙骨结构案例思路拓展

1. 巨型广告牌基础和柱脚的抉择

熟悉钢结构的读者都知道钢结构柱脚从力学上一般分刚接和铰接两种，区别就是弯矩的不同。

如果方案阶段选用纯悬臂式的结构来抵抗水平荷载，在 4.4 节支座反力部分已经看到根部弯矩非常大，因此，建议读者在实际项目中，不要只顾上部结构，忽略基础部分的设计。

对于悬臂桁架式的结构，结合顶部的变形来综合确定采用刚接柱脚还是铰接柱脚，一般建议读者采用前者。

2. 悬臂桁架式结构内力剖析

用 Gen 单独激活一榀悬臂式桁架，观察水平荷载作用下的轴力图，如图 4.5-1 所示。

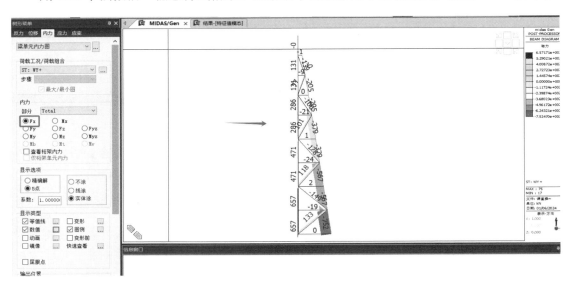

图 4.5-1　水平荷载作用下的轴力图

由图 4.5-1 可以看出，轴力的变化其实就是实腹式杆件弯矩的变化过程，面外靠拉压力来抵抗风荷载是一个明智的选择。

方案阶段，结构工程师如果可以争取更多的底盘（就是桁架的高度），会因为力臂的增大，来减小轴力，进而减小构件的截面。

如图 4.5-2 所示，为水平荷载下 Mz 的弯矩，读者留意顶部纯悬臂段的弯矩，这里告诉我们支撑在悬臂桁架上部实腹式悬臂梁要有足够的抗弯刚度来抵抗水平荷载，如果悬臂段过长，需要考虑增加悬臂桁架的范围。

3. 面内风荷载

本案例没有考虑 X 方向即面内的水平荷载，主要原因是受荷面积很小，风荷载不起主控作用。但是，在概念上有条件增加面内的支撑，来提高面内的刚度。

需要提醒读者注意的是，随着悬臂桁架的截面增加，如果侧面被包裹，这时候风荷载就需要留意了；而提升刚度有效的方法就是将每榀桁架连接牢固，读者可以自行试算分析。

4. 覆冰荷载

覆冰荷载出现高耸结构相关的设计规范中，这里是提醒读者朋友，在需要考虑覆冰荷载的地区留意。以免造成荷载漏项，造成安全隐患。

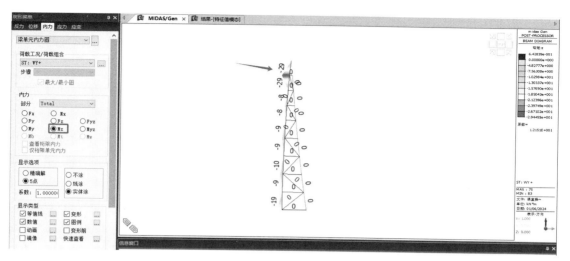

图 4.5-2　水平荷载下 Mz 的弯矩

4.6　巨型广告牌龙骨结构小结

　　本案例是以巨型广告牌龙骨结构作为背景，介绍了龙骨类结构的设计思路和方法，读者可以参考此分析方法，利用 Gen 软件做好对比分析，从而为自己在结构方案设计比选层面提供更多参考数据，最终选择更符合项目本身的结构方案。

第**5**章

网架结构计算分析

5.1　网架结构案例背景

5.1.1　初识网架

通俗而言，网架是按一定规律布置的杆件通过节点连接而形成的平板型或微曲面型空间杆系结构，主要承受整体弯曲内力（图 5.1-1）。

图 5.1-1　网架

5.1.2 案例背景

本案例根据第 3 章的案例进行改编而成。

基本项目信息见 3.1 节，现在顶部楼层抽中间柱子，做成一个大空间。本案例屋顶需要做网架结构，平面布置如图 5.1-2 所示。

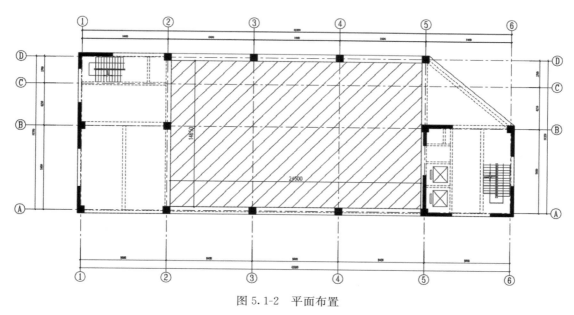

图 5.1-2 平面布置

图 5.1-2 中的填充区域就是本章所要设计的网架结构。

5.2 网架结构概念设计

5.2.1 空间结构设计的基本原则

网架结构属于空间结构，设计的总原则是安全、经济和适用（施工和使用）。

对于安全，结构整体层面留意变形和稳定，构件层面留意压杆失稳、节点连接，关键杆件的应力比控制不超过 0.8。

随着科技的进步，规范是基于以往的经验和理论总结而来，是相对滞后的。关于空间结构的规范更是如此，因此设计师务必不要墨守成规，在理解规范的基础上，勇于尝试新的东西（比如，层出不穷的支座、衍生出的新的空间结构体系等）。

5.2.2 网架的分类

首先，我们从网架的单元形式上进行分类，以便读者更好地了解网架。这里，我们参考《空间网格结构技术规程》JGJ 7—2010 将网架分为三大类，分别是平面桁架系网架（五种）、四角锥体系网架（五种）、三角锥体系网架（三种）。

平面桁架系包括两向正交正放网架（图 5.2-1）、两向正交斜放网架（图 5.2-2）、两向斜交斜放网架（图 5.2-3）、三向网架（图 5.2-4）、单向折线形网架（图 5.2-5）。

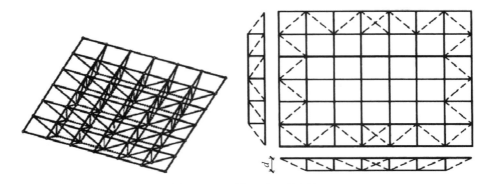

图 5.2-1 两向正交正放网架

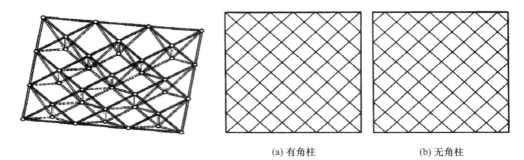

(a) 有角柱   (b) 无角柱

图 5.2-2 两向正交斜放网架

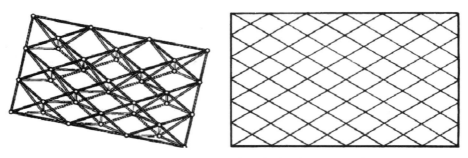

图 5.2-3 两向斜交斜放网架

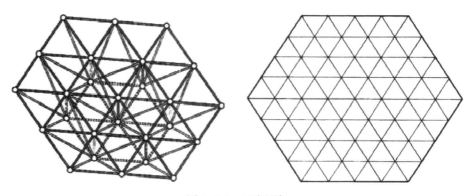

图 5.2-4 三向网架

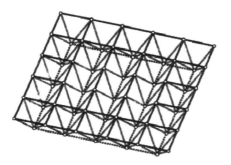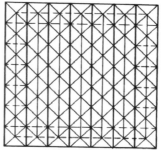

图 5.2-5　单向折线形网架

　　四角锥体系网架包括正放四角锥网架（图 5.2-6）、正放抽空四角锥网架（图 5.2-7）、斜放四角锥网架（图 5.2-8）、棋盘形四角锥网架（图 5.2-9）、星形四角锥网架（图 5.2-10）。

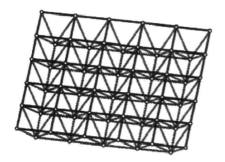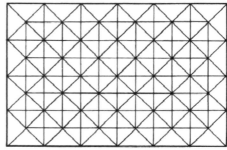

图 5.2-6　正放四角锥网架

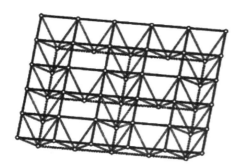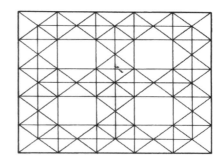

图 5.2-7　正放抽空四角锥网架

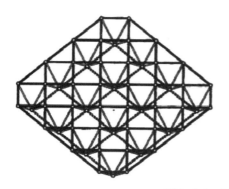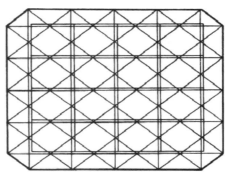

图 5.2-8　斜放四角锥网架

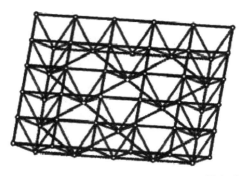 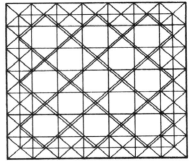

图 5.2-9　棋盘形四角锥网架

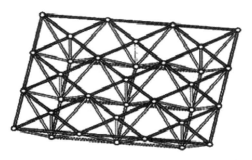 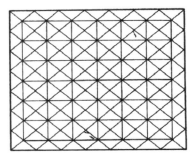

图 5.2-10　星形四角锥网架

三角锥体系网架包括三角锥网架（图 5.2-11）、抽空三角锥网架（图 5.2-12）、蜂窝形三角锥网架（图 5.2-13）。

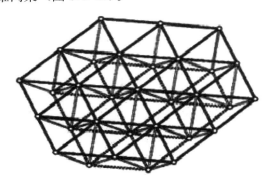 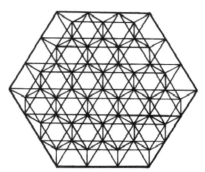

图 5.2-11　三角锥网架

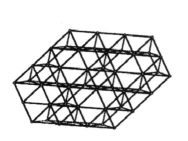 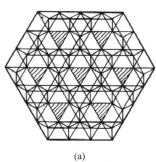 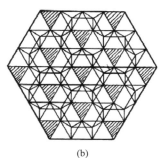

(a)　　　　　　　　　　(b)

图 5.2-12　抽空三角锥网架

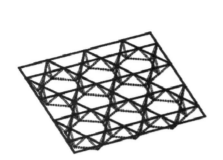
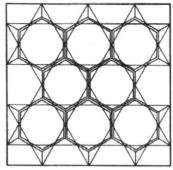

图 5.2-13　蜂窝形三角锥网架

看到上面 13 种网架单元种类，这里提醒读者在方案设计阶段务必争取建筑专业的意见，因为空间结构很多情况下属于敞开式的结构，读者都能看到，在美观上要得到建筑师的同意，避免后续反复。

拓展：更多关于网架单元种类的介绍，详见视频 5.2。

上面对网架的单元网格种类有一定了解后，接着我们从跨度的角度对网架进行分类。

网架结构按跨度分为：小跨度网架（$L<30m$）、中跨度网架（$30m<L<60m$）、大跨度网架（$60m<L<90m(120m)$）、特大跨度网架（$90m(120m)<L<150m(180m)$）、超大跨度网架（$L>150m(180m)$）。

本案例跨度为 14.65m，属于小跨度网架。

视频 5.2
网架单元种类

最后，从支承的角度进行分类：周边支承、点支承、周边支承加点支承、三边支承或两边支承、单边支承（悬挑）。

支承的本质实际上是支座，对空间结构而言至关重要，因为它涉及结构的冗余度、刚度。

图 5.2-14 是周边支承，它的支座通常是梁和柱。本案例就属于此种情况。

图 5.2-15 是点支承，它的支座一般是柱。典型的应用场景就是加油站。

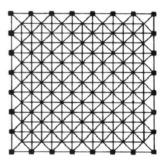

图 5.2-14　周边支承

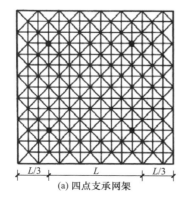
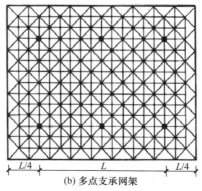

(a) 四点支承网架　　　　　(b) 多点支承网架

图 5.2-15　点支承

点支承相较于周边支承，其支座少、安全储备弱。支承处承受网架"集中力"的作用。因此，需要重点关注支承点的处理（图5.2-16）。

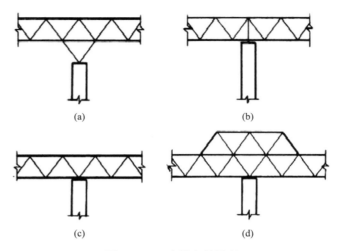

图 5.2-16　支承点的处理

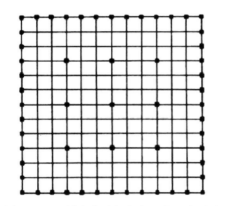

图 5.2-17　周边支承加点支承的混合形式

周边支承加点支承的形式是一种混合形式，本质上是减少挠度和峰值内力，如图 5.2-17 所示。

三边支承或两边支承（图5.2-18）、单边支承（悬挑，图5.2-19）实际项目中属于特例，比如三边支承，往往是在第四边没办法设置支座的情况下采取的"妥协"，需要关注的地方是自由边的加强。

小结：本案例属于小跨度网架，周边支承的形式进行设计，单元网格形式从结构安全和建筑使用的角度初步计划采用正放四角锥单元网格。

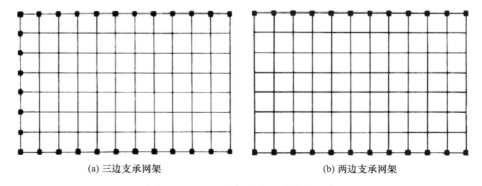

(a) 三边支承网架　　　　　(b) 两边支承网架

图 5.2-18　三边支承或两边支承网架

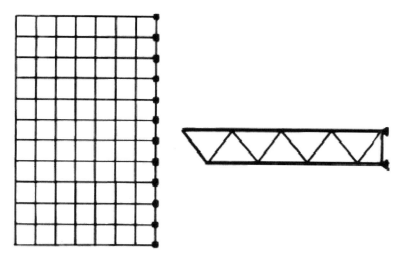

图 5.2-19　单边支承（悬挑）

5.2.3　网架的选型

网架选型我们建议考虑六点因素：建筑平面形状、跨度大小、网架支承形式、荷载大小、屋面构造和材料、制作安装方法。同时，在方案阶段进行比选。

对于周边支承情况的矩形平面，长宽比小于 1.5 时，考虑斜放四角锥、棋盘形四角锥、正放抽空四角锥、两向正交斜放网架、两向正交正放网架、正放四角锥；长宽比大于 1.5 时，考虑正放抽空四角锥、两向正交正放网架、正放四角锥；狭长形平面可以考虑单向折线形网架。

点支承情况的矩形平面，可以考虑正放抽空四角锥、两向正交正放网架、正放四角锥。

多边形或圆形平面，可以考虑三角锥网架、三向网架、抽空三角锥网架。

大跨度可以考虑三角锥网架、三向网架。

5.2.4　网架的用钢量

空间结构读者往往比较关注用钢量，其实结合多年的设计经验，无论何种结构，过往结构的用钢量只是参考，真实的项目用钢量需要进行多方案比选，优中选优，这样才具有竞争力。这里，我们只提供大跨空间结构中的网架用钢量供读者参考（表 5.2-1）。实际项目建议方案阶段通过比选试算进行统计。

大跨空间结构中的网架用钢量 表 5.2-1

网架类型	24m 跨		48m 跨		72m 跨	
	用钢量/(kg/m²)	挠度/mm	用钢量/(kg/m²)	挠度/mm	用钢量/(kg/m²)	挠度/mm
两向正交正放	9.3	7	16.1	21	21.8	32
两向正交斜放	10.8	5	16.1	19	21.4	32
正放四角锥	11.1	5	17.7	18	23.4	30
斜放四角锥	9.0	5	14.8	16	19.3	29

网架类型	24m 跨		48m 跨		72m 跨	
	用钢量/(kg/m²)	挠度/mm	用钢量/(kg/m²)	挠度/mm	用钢量/(kg/m²)	挠度/mm
棋盘型四角锥	9.2	7	15.0	22	21.0	33
星型四角锥	9.9	5	15.5	16	21.1	30

表 5.2-1 是正方形周边支承网架结构的用钢量试算统计。由图中可以看出，正放四角锥用钢量相对偏大一些，但是挠度普遍偏小，说明其刚度比较理想。因此，从结构设计的角度，建议读者在中小型网架结构中可以优先考虑此单元。

关于螺栓球和焊接球，实际项目中建议读者可以考虑自重的 15% 和 25%。

最后，提醒读者留意《空间网格结构技术规程》JGJ 7—2010 第 3.2.11 条中关于网架自重计算的公式，在实际项目中可以参考使用。见式（5.2-1）。

$$g_{ok} = \sqrt{q_w} L_2 / 150 \tag{5.2-1}$$

5.2.5 网架高度估算

首先，需要确定的是网架高度，留意三点因素：屋面荷载、平面形状和支承条件。

屋面荷载很容易理解，荷载大需要的高度大，如实腹式截面，提供更多的抗弯刚度。平面形状和支承条件决定了支座的数量和布置位置，这直接影响网架的整体刚度。

实际项目中，建议读者用跨高比来反算网架高度，对于钢筋混凝土楼盖（屋面），建议取值 10~14 估算高度；对于钢檩体系屋面，建议取值（13~17）−0.03L，L 为短跨。

本案例为钢檩体系屋面，L 短跨按 15m 估算，网架高度试算取（13~17）−0.03×15＝12.5~16.5 的跨高比，高度估算值约为 900~1200mm，取 1200mm。

5.2.6 单元网格尺寸估算

网架高度确定后，需要估算单元网格平面尺寸。一般影响因素是屋面材料、与网架高度的比例。

有檩屋面一般不超过 6m，无檩控制在 2~4m。

单元平面网格还需要结合网架高度控制角度，一般在 30°~60°范围，45°最佳。

本案例采用钢檩体系，短跨网格数（6~8）+0.07×15＝7.05~9.05。方形网格参考尺寸为 2m。

5.3 网架结构 Gen 软件实际操作

网架结构在实际项目中一般采用国内的软件如 3D3S 进行试算，midas 或者 SAP2000 进行校核，本案例旨在让读者熟悉迈达斯 Gen 设计网架的详细过程，因此我们对网架在 Gen 中进行全方位的操作。

1. 建模

此类结构的建模，我们一般从其他建模软件进行导入。本案例采用犀牛 Grasshopper（以下简称 GH）辅助建模，导入 dxf 文件的建模方法，读者可根据自身项目情况选择。

关键步骤及 GH 电池组读者可自行查阅书籍配套的资料，更详细的 GH 操作流程读者可以留意本丛书中笔者的另一本图书《Grasshopper 参数化结构设计入门与提高》。图 5.3-1 为 GH 模型示意图。

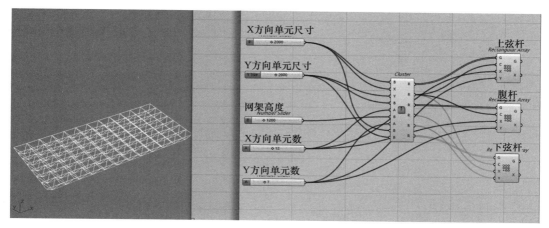

图 5.3-1　GH 模型

需要提醒读者的是，空间类结构采用 GH 建模一个好处是可以随时通过调整参数，进行试算，来满足结构计算和建筑功能改变的需求，建议读者掌握此技能。

1）材料特性

网架结构材料建议采用 Q355 材质。

主要操作：菜单"特性"→"材料特性值"（图 5.3-2）。

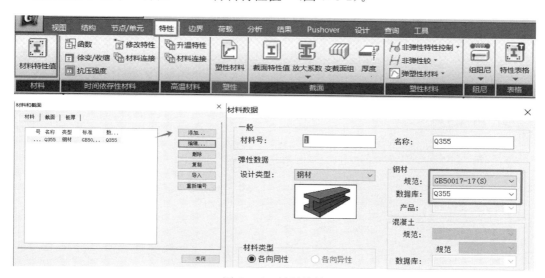

图 5.3-2　材料特性

2）几何截面

网架结构一般选用热轧无缝钢管，具体截面尺寸建议读者通过 3D3S 软件进行试算选择，由软件进行试算选择，再导入迈达斯进行复核。本案例可以参考热轧无缝钢管规格表进行选取，如图 5.3-3 所示。

图 5.3-3　几何截面

图 5.3-4　几何建模

选取截面时，读者注意进行概念上的分类，上弦杆件一组、下弦杆件一组、腹杆一组，靠近支座处杆件适当加强分为一组。

3）几何建模

本案例模型创建利用犀牛参数化导出 dxf 文件，从 midas 导入即可，如图 5.3-4 所示。

导入模型时务必留意放大系数，单位要与 CAD 文件相统一。同时，注意清理重复杆件，如图 5.3-5 所示。

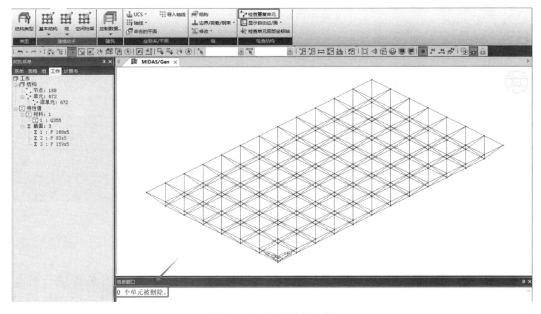

图 5.3-5　清理重复杆件

　　然后，利用视图窗口，对上弦杆件、下弦杆件、腹杆分别赋予截面属性，通过颜色快速检查杆件赋值情况，如图 5.3-6 所示。

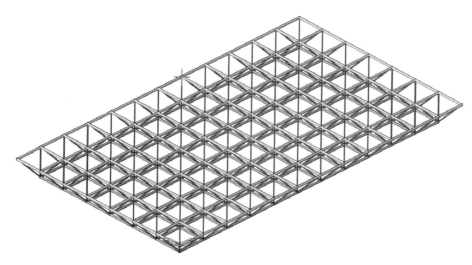

图 5.3-6　赋予截面属性并检查

　　至此，几何模型创建完毕。

2. 边界约束

　　网架的约束取决于周边主体结构的情况，原则上此类结构采用周边支承为主，支座落在梁或者柱子上。支承形式采用上弦支承，小跨度网架支座建议采用铰接支座。支座定义如图 5.3-7 所示。

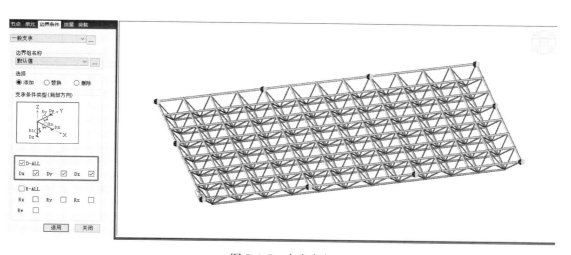

图 5.3-7　支座定义

　　同时，网架结构杆件之间为铰接约束，杆件两端进行释放，如图 5.3-8（a）所示。注意对支座处杆件释放补充约束，以免形成机构，如图 5.3-8（b）所示。

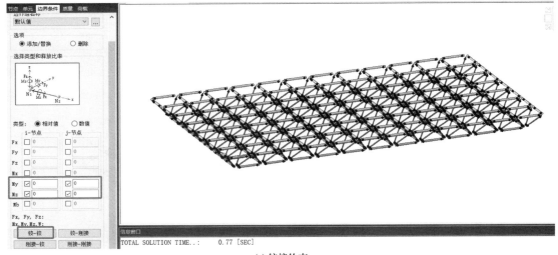

(a) 铰接约束

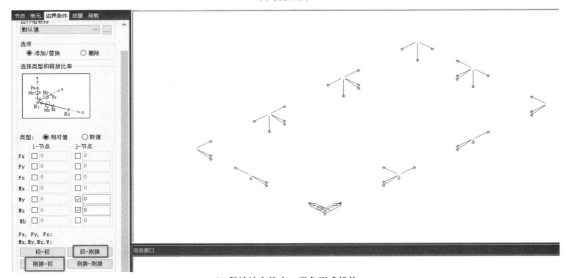

(b) 释放补充约束，避免形成机构

图 5.3-8　约束

3. 加载

1）荷载工况

本案例主要考虑的荷载有恒荷载、活荷载、风荷载、地震作用、温度作用，如图 5.3-9 所示。

读者需要留意的是活荷载与雪荷载不能同时考虑，根据实际情况考虑大值即可。当跨度较大时，留意半跨活荷载的不利影响。

另外，高烈度区的网架结构，竖向地震作用的影响不容忽视。

2）自重

自重为所有结构客观存在的属性，如图 5.3-10 所示。

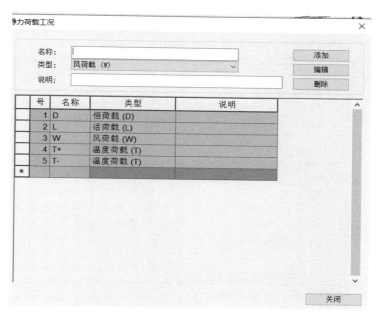

图 5.3-9 荷载工况

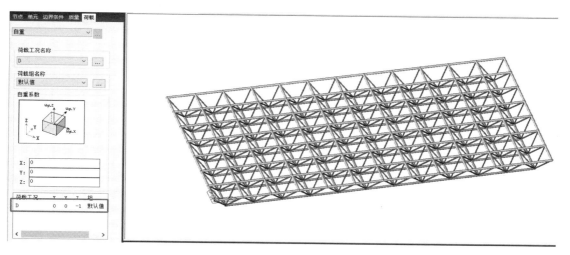

图 5.3-10 自重

3）恒荷载、活荷载、风荷载

本案例主要考虑风吸荷载的影响，采用楼面分配荷载的方式添加风荷载。图 5.3-11 为楼面分配方式添加的荷载名称定义。

图 5.3-12 为楼面分配方式添加的荷载双向定义，注意方向选择。

4）地震作用

地震作用的定义同第 3 章内容，这里不再赘述。只须在此基础上，增加竖向地震作用的定义即可。

图 5.3-11　楼面分配方式添加的荷载名称定义

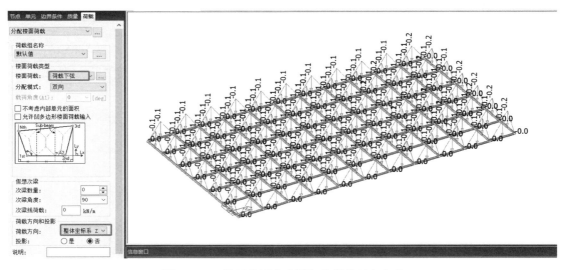

图 5.3-12　楼面分配方式添加的荷载双向定义

图 5.3-13 为反应谱函数的定义。

图 5.3-14 为两个水平方向的地震反应谱工况定义。

图 5.3-15 为竖向地震作用的定义，注意方向为 Z 向。

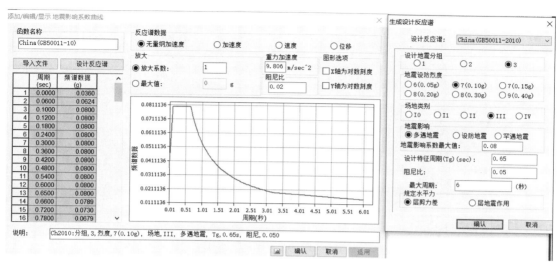

图 5.3-13　反应谱函数

图 5.3-14　水平方向地震反应谱工况　　图 5.3-15　竖向地震作用

最后，将荷载转化为质量，这是计算地震作用的基础，如图 5.3-16 所示。

至此，地震作用定义完毕。

5）温度作用

参考温度：混凝土是终凝温度，钢结构是进场温度。例如，进场温度 18℃，最高温度 45℃，最低温度 −8℃，那么温差为 27℃ 和 −26℃，如图 5.3-17 所示。

129

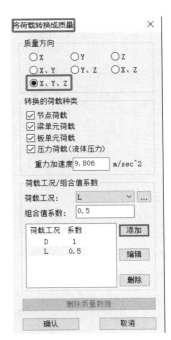

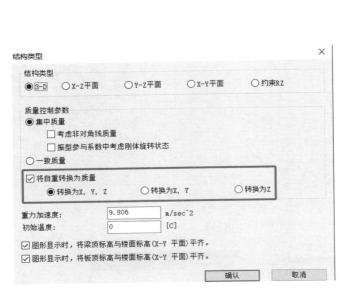

图 5.3-16　将荷载转化为质量

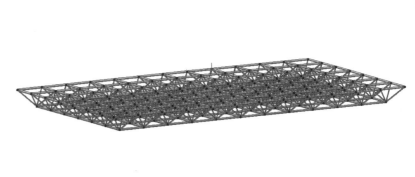

图 5.3-17　温度作用

至此，荷载定义全部完成加载。

4. 运行分析

本案例运行分析内容同前面几章一样，不再赘述。

5. 后处理

本案例为网架结构，我们重点关注计算结果部分的内容，详细解读见第 5.4 节。

5.4　网架结构 Gen 软件结果解读

实际项目中，网架结构的计算如果是用 Gen 做对比分析，下面结果解读的每一项内容注意与其他软件进行对比。

1. 周期与振型

选择"结果表格"→"周期与振型"。

空间网架结构的典型周期特点是第一周期的竖向振动。在 Gen 中，结果查看表格可以详细看到结构每个周期的具体数值及振型参与质量，如图 5.4-1 所示。

节点	模态	UX	UY	UZ	RX	RY	RZ

特征值分析

模态号	频率 (rad/sec)	频率 (cycle/sec)	周期 (sec)	容许误差
1	58.2592	9.2722	0.1078	0.0000e+000
2	81.4436	12.9622	0.0771	0.0000e+000
3	105.2762	16.7552	0.0597	0.0000e+000
4	114.0937	18.1586	0.0551	0.0000e+000
5	117.8710	18.7598	0.0533	0.0000e+000
6	132.8594	21.1452	0.0473	0.0000e+000
7	141.0314	22.4458	0.0446	0.0000e+000
8	170.3312	27.1091	0.0369	7.0659e-213
9	172.5444	27.4613	0.0364	1.2542e-209
10	176.5330	28.0961	0.0356	2.0017e-206
11	179.6006	28.5843	0.0350	9.2148e-202
12	183.4450	29.1962	0.0343	2.9067e-200
13	193.6354	30.8180	0.0324	6.8833e-191
14	194.8207	31.0067	0.0323	8.8257e-191
15	201.6010	32.0858	0.0312	1.9026e-186
16	210.7852	33.5475	0.0298	9.1079e-181
17	229.8516	36.5820	0.0273	5.7321e-168
18	232.0838	36.9373	0.0271	3.2918e-166
19	261.8030	41.6672	0.0240	1.9985e-139
20	266.2155	42.3695	0.0236	4.9204e-136
21	270.1073	42.9889	0.0233	2.8782e-133
22	288.5571	45.9253	0.0218	3.8151e-119
23	289.3919	46.0582	0.0217	2.7890e-118
24	291.7722	46.4370	0.0215	1.1356e-117
25	299.8656	47.7251	0.0210	1.5636e-113
26	306.7397	48.8191	0.0205	5.8906e-107

振型参与质量

模态号	TRAN-X 质量(%)	TRAN-X 合计(%)	TRAN-Y 质量(%)	TRAN-Y 合计(%)	TRAN-Z 质量(%)	TRAN-Z 合计(%)	ROTN-X 质量(%)	ROTN-X 合计(%)	ROTN-Y 质量(%)	ROTN-Y 合计(%)	ROTN-Z 质量(%)	ROTN-Z 合计(%)
1	0.0002	0.0002	0.0036	0.0036	72.5754	72.5754	0.0152	0.0152	0.0004	0.0004	0.0000	0.0000
2	3.8183	3.8185	0.0000	0.0037	0.0003	72.5757	0.0003	0.0155	70.0735	70.0740	0.0238	0.0238
3	0.0000	3.8185	27.9474	27.9510	0.2004	72.7761	61.1659	61.1814	0.0004	70.0743	0.0004	0.0242
4	0.0012	3.8197	0.0132	27.9642	0.0184	72.7945	0.0007	61.1821	0.0861	70.1604	7.2524	7.2766
5	0.0057	3.8254	0.7193	28.6836	9.5487	82.3431	0.5721	61.7541	0.0001	70.1605	0.0317	7.3083
6	0.0305	3.8559	0.2287	28.9122	5.0725	87.4157	5.1624	66.9165	0.0008	70.1613	0.0006	7.3088
7	51.8956	55.7515	0.0000	28.9122	0.0124	87.4281	0.0009	66.9174	0.9861	71.1474	1.6402	8.9491
8	16.1932	71.9448	0.0276	28.9398	0.0000	87.4281	0.0091	66.9265	17.4285	88.5759	3.7137	12.6628
9	0.0000	71.9448	54.6935	83.6333	0.0105	87.4386	23.8681	90.7946	0.0257	88.6016	0.0312	12.6940
10	3.2897	75.2345	0.1286	83.7619	0.0014	87.4400	0.0762	90.8708	1.5826	90.1842	25.5891	38.2830
11	0.0044	75.2389	1.3249	85.0868	0.0698	87.5098	0.8214	91.6921	0.0023	90.1865	0.0881	38.3711
12	0.0003	75.2392	0.0050	85.0919	9.5761	97.0859	0.0339	91.7260	0.0009	90.1874	0.0008	38.3719
13	0.0941	75.3333	0.7301	85.8220	0.0047	97.0906	0.1466	91.8726	0.0111	90.1985	0.6836	39.0554
14	6.5909	81.9243	0.0250	85.8470	0.0001	97.0907	0.0062	91.8789	1.1763	91.3748	22.2504	61.3058
15	2.2386	84.1628	0.0004	85.8474	0.0000	97.0907	0.0008	91.8796	3.0519	94.4267	0.5843	61.8901
16	0.0034	84.1662	2.9915	88.8390	0.1423	97.2330	0.2589	92.1385	0.0089	94.4356	0.0019	61.8920
17	0.0138	84.1800	0.2679	89.1069	0.4971	97.7301	0.6190	92.7575	0.0001	94.4357	0.0702	61.9622
18	2.0492	86.2292	0.0026	89.1094	0.0023	97.7324	0.0015	92.7590	0.4133	94.8490	5.0283	66.9906
19	0.4892	86.7184	0.0013	89.1107	0.0000	97.7324	0.0042	92.7632	0.0594	94.9083	6.9420	73.9325
20	0.0000	86.7184	2.0097	91.1205	0.0012	97.7337	2.9607	95.7238	0.0078	94.9161	0.0018	73.9343
21	0.0678	86.7862	0.0282	91.1486	0.0019	97.7355	0.0278	95.7516	1.1154	96.0315	1.2012	75.1355
22	0.0180	86.8042	0.0006	91.1492	0.0109	97.7464	0.0042	95.7558	0.0136	96.0451	0.0804	75.2159
23	0.2815	87.0857	0.0041	91.1533	0.0000	97.7464	0.0006	95.7565	0.2293	96.2744	2.4495	77.6654
24	0.0024	87.0881	0.5371	91.6904	0.0608	97.8072	0.1245	95.8810	0.0034	96.2777	0.0100	77.6754
25	1.0793	88.1674	0.0064	91.6968	0.0002	97.8074	0.0078	95.8824	0.7037	96.9814	0.0916	77.7670
26	0.0008	88.1682	0.2030	91.8999	0.3128	98.1202	0.0836	95.9659	0.0012	96.9826	0.0032	77.7702
27	0.1278	88.2960	0.0005	91.9004	0.0025	98.1227	0.0003	95.9662	0.7346	97.7172	0.1006	77.8709

图 5.4-1　周期与振型

同时，读者可以通过振型动画感性地观察网架结构的振动，也利于发现异常之处，如图 5.4-2 所示。

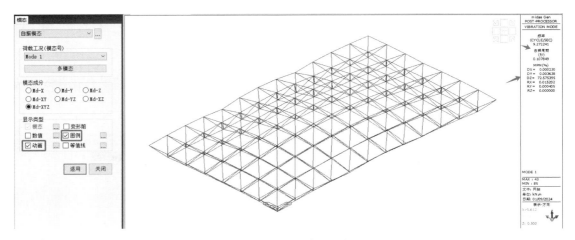

图 5.4-2　动画感性观察

2. 支座反力

选择"结果"→"反力"。

网架结构对支座反力的查看主要体现在荷载的定性检查和下部结构的计算上,可以将支座反力反馈给下部结构设计的设计师。

各工况和组合下图形的查看同前面几章的内容,这里不再赘述。

本案例给读者提供以表格的形式批量查看支座反力的方法,操作如图 5.4-3 所示。

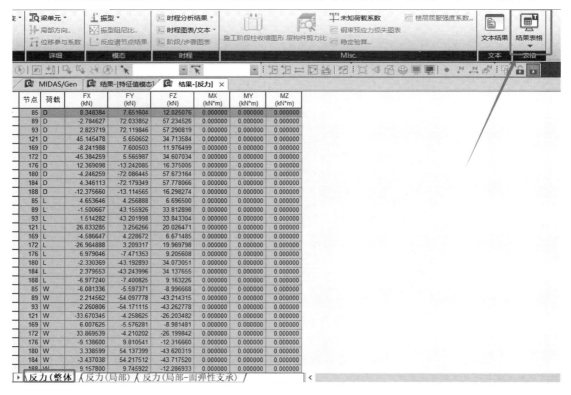

节点	荷载	FX (kN)	FY (kN)	FZ (kN)	MX (kN*m)	MY (kN*m)	MZ (kN*m)
85	D	8.348384	7.651604	12.025076	0.000000	0.000000	0.000000
89	D	-2.784627	72.033852	57.234526	0.000000	0.000000	0.000000
93	D	2.823719	72.119846	57.290819	0.000000	0.000000	0.000000
121	D	45.145478	5.650652	34.713584	0.000000	0.000000	0.000000
169	D	-8.241988	7.600503	11.976499	0.000000	0.000000	0.000000
172	D	-45.384259	5.565987	34.607034	0.000000	0.000000	0.000000
176	D	12.369098	-13.242085	16.375005	0.000000	0.000000	0.000000
180	D	-4.246259	-72.086445	57.673164	0.000000	0.000000	0.000000
184	D	4.346113	-72.179349	57.778066	0.000000	0.000000	0.000000
188	D	-12.375660	-13.114565	16.298274	0.000000	0.000000	0.000000
85	L	4.653646	4.256888	6.696500	0.000000	0.000000	0.000000
89	L	-1.500667	43.155926	33.812898	0.000000	0.000000	0.000000
93	L	1.514282	43.201998	33.834304	0.000000	0.000000	0.000000
121	L	26.833285	3.256266	20.026471	0.000000	0.000000	0.000000
169	L	-4.586647	4.228672	6.671485	0.000000	0.000000	0.000000
172	L	-26.964888	3.209317	19.969798	0.000000	0.000000	0.000000
176	L	6.979046	-7.471353	9.205608	0.000000	0.000000	0.000000
180	L	-2.330369	-43.192893	34.073051	0.000000	0.000000	0.000000
184	L	2.379553	-43.243996	34.137655	0.000000	0.000000	0.000000
188	L	-6.977240	-7.400825	9.163226	0.000000	0.000000	0.000000
85	W	-6.081336	-5.597371	-8.996668	0.000000	0.000000	0.000000
89	W	2.214562	-54.097778	-43.214315	0.000000	0.000000	0.000000
93	W	-2.260806	-54.171115	-43.262778	0.000000	0.000000	0.000000
121	W	-33.670345	-4.258625	-26.203482	0.000000	0.000000	0.000000
169	W	6.007625	-5.576281	-8.981481	0.000000	0.000000	0.000000
172	W	33.869534	-4.210202	-26.199842	0.000000	0.000000	0.000000
176	W	-9.138600	9.810541	-12.316660	0.000000	0.000000	0.000000
180	W	3.338599	54.137399	-43.620319	0.000000	0.000000	0.000000
184	W	-3.437038	54.217512	-43.717520	0.000000	0.000000	0.000000
188	W	9.157800	9.745922	-12.286933	0.000000	0.000000	0.000000

图 5.4-3　以表格形式批量查看支座反力

3. 变形

选择"结果"→"位移"→"位移等值线"。

本案例由于跨度较小，主要查看竖向荷载作用下的变形，进而结合周期，感受结构的整体刚度。

D+L 作用下的变形如图 5.4-4 所示。

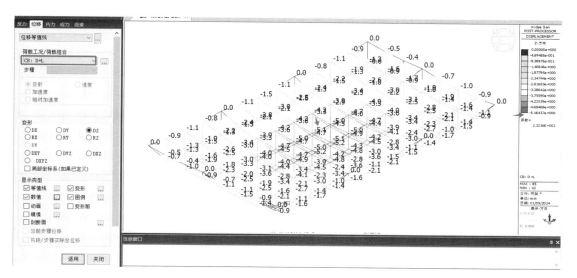

图 5.4-4　D+L 作用下的变形

根据《空间网格技术规程》JGJ 7—2010，空间网格结构在恒荷载与活荷载标准值作用下的最大挠度值不宜超过表 5.4-1 中的容许挠度值。

空间网格结构的容许挠度值　　表 5.4-1

结构体系	屋盖结构（短向跨度）	楼盖结构（短向跨度）	悬挑结构（悬挑跨度）
网架	1/250	1/300	1/125
单层网壳	1/400	—	1/200
双层网壳立体桁架	1/250	—	1/125

注：对于设有悬挂起重设备的屋盖结构，其最大挠度值不宜大于结构跨度的 1/400。

本案例允许变形值为 15000/250＝60mm，远小于允许值。

其余工况下的变形读者自行查看，根据前面几章的内容可自行进行分析。

4. 内力

选择"结果"→"内力"→"梁单元内力图"。

本案例结构内力的查看我们重点分析各工况荷载下的内力变化。

图 5.4-5 为竖向恒载下的杆件弯矩，可以发现数值非常小，说明网架结构杆件弯矩很小，需要关注杆件轴力，如图 5.4-6 所示。

由图 5.4-6 中为杆件轴力图，可以发现：

1）短向是主传力方向；

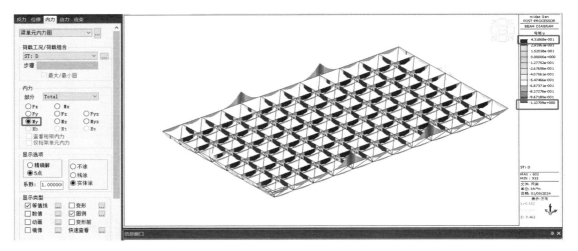

图 5.4-5　弯矩

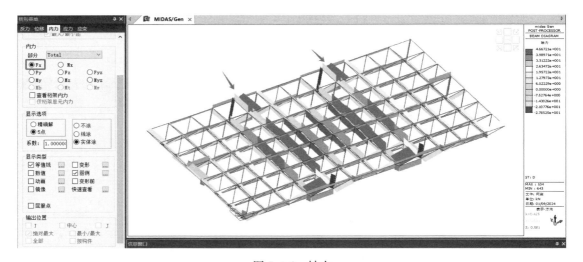

图 5.4-6　轴力

2）网架弦杆成上压下拉的轴力分布，来抵抗弯矩；

3）支座附近的轴力较其他部位明细增大，需要留意。

接下来，我们看温度作用下的轴力（弯矩同样不起主控作用，读者可自行查看），如图 5.4-7 所示。

结合右侧图例显示可以看出，升温下，网架热胀，支座的约束使其承受压力，远离支座的杆件发生变形向外拓展，承受拉力。并且，拉压力明显比其他工况大，这是设计师需要特别留意的地方。

图 5.4-8 为降温工况杆件的轴力变化。

与升温工况相反，降温下，网架冷缩，支座的约束使其承受拉力，远离支座的杆件发生变形向内收缩，承受压力。并且，拉压力明显比其他工况大，这是设计师需要特别留意的地方。

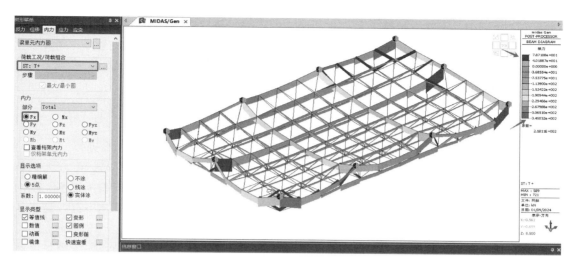

图 5.4-7　温度作用下的轴力

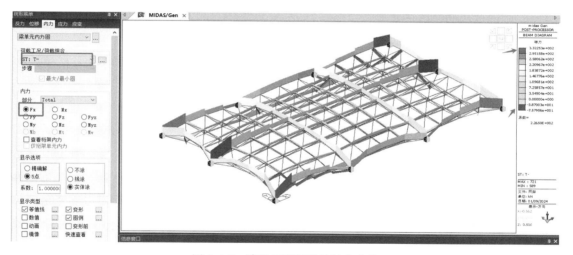

图 5.4-8　降温工况杆件的轴力变化

　　思考：杆件的轴力转化为支座的水平力，对下部结构影响非常大，如何减小温度作用下的内力呢？读者请查看第 5.5 节相关内容。

　　以上是迈达斯对网架结构的结果查看的一些关键指标，实际项目中，读者要学会多软件的对比，更多对比部分的内容详见视频 5.4（某加油站网架结构两种软件结果的对比）。

视频 5.4
网架钢结构
迈达斯软件
计算结果解读

5.5　网架结构案例思路拓展

1. 网架结构支座的选择

　　力学上的支座约束无外乎是对位移和转角的约束。空间结构的支座常用的有铰接、滑动连接、弹性连接（橡胶支座）。

实际项目中，支座的选择不是一次性确定的，需要经过试算对比来确定。建议读者先从铰接算起，结合结构整体的刚度（周期）、变形、水平力的对下部结构的影响来确定。

通常，中小跨度的网架可以采用铰接支座＋橡胶支座组合的模式；大跨度的网架可以采用万向铰支座＋滑动支座的模式。

视频 5.5
支座刚度的
合理定义

拓展：支座的刚度对网架结构影响非常大，更多内容详见视频 5.5。

2. 网架结构的水平力过大

本案例中的温度作用影响非常明显，水平力非常大，怎么办？

首先，从温度作用的角度可以分析出，热胀冷缩确实容易产生较大的轴力，其次，从支座的角度进行分析。本案例采用的是理想的铰接支座。换而言之，下部结构的刚度没有考虑，明显刚度考虑过大，与实际不符，这也是规范建议进行整体分析的原因。

从概念上不难判断，进行整体分析后，水平力会一定程度减小，如果还无法满足支座设计的要求，可以考虑一端设置滑动支座或橡胶支座来释放水平力。

总之，水平力的释放原则就是通过支座变形来释放！

3. 空间结构的整体计算

根据《建筑抗震设计标准》GB/T 50011—2010 第 10.2.7 条

屋盖结构抗震分析的计算模型，应符合下列要求：

1 应合理确定计算模型，屋盖与主要支承部位的连接假定应与构造相符。

2 计算模型应计入屋盖结构与下部结构的协同作用。

3 单向传力体系支撑构件的地震作用，宜按屋盖结构整体模型计算。

4 张弦梁和弦支穹顶的地震作用计算模型，宜计入几何刚度的影响。

读者可以看到，第 2 条要求计入屋盖结构与下部结构的协同作用，其实就是做一些复杂结构专项论证时专家要求进行的整体计算。随着电算软件的发展，整体计算已经不再像10 多年前那样稀奇。midas Gen 也可以解决整体计算的问题。读者可以先思考一下整体计算需要注意的内容。

更多关于整体计算的内容我们在第 6 章进行阐述。

5.6　网架结构小结

本章重点介绍了 Gen 网架结构设计的基本流程，总体上分上部结构单独计算和整体计算两部分，本章重点介绍的是上部结构单独计算，这是钢结构专业设计师必备技能，关于整体计算的内容我们在第 6 章详细介绍。

第**6**章
管桁架结构计算分析

6.1 管桁架结构案例背景

6.1.1 初识桁架

通俗地说，管桁架结构以圆钢管、方钢管或矩形管为主要受力构件，通过直接相贯节点连接成平面或空间桁架（图 6.1-1）。

图 6.1-1 管桁架结构

6.1.2 案例背景

本案例根据某厂房项目改编而成。

基本项目信息：跨度 30m，纵向柱网间距 11.4m，空间模型如图 6.1-2 所示。

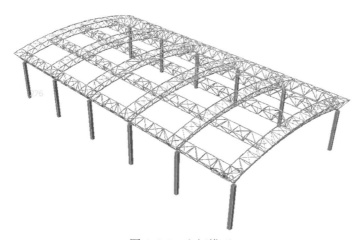

图 6.1-2 空间模型

137

6.2 桁架结构概念设计

6.2.1 管桁架结构的特点

相较于网架结构，管桁架结构的曲线流动性更强，能满足一些对曲线流动要求高的建筑造型。作为结构设计师，需要知道管桁架结构的优缺点，在方案阶段便于和其他空间结构进行对比。

先说优点：

1）薄壁钢管，闭口截面，抗扭刚度好；

2）节点构造简单；

3）结构简洁、流畅、适用性强；

4）钢管外表面积小，节约防腐防火材料及清洁维护等费用。

再说缺点：

1）为减少钢管拼接量，一般弦杆规格相同，不能根据内力选择，造成结构用钢量偏大；

2）相贯节点放样、加工困难，现场焊接工作量大。

6.2.2 管桁架结构的分类

从截面类型，分为圆钢管截面、矩形管截面和方钢管截面，如图 6.2-1 所示。

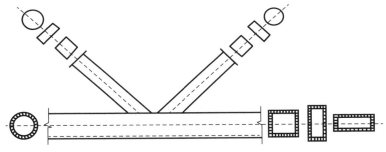

图 6.2-1　圆钢管截面、矩形管截面和方钢管截面

从桁架外形，分为直线形钢管桁架、拱线形钢管桁架，如图 6.2-2 所示。

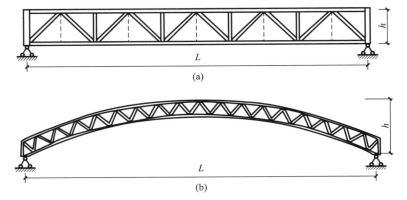

(a)

(b)

图 6.2-2　直线形和拱线形钢管桁架

从空间角度，分为平面钢管桁架和空间钢管桁架，如图 6.2-3 所示。

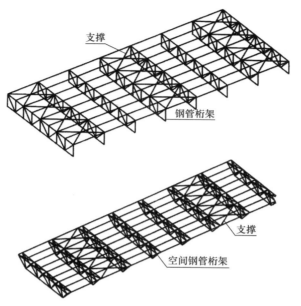

图 6.2-3　平面和空间钢管桁架

从图 6.2-3 可以看出，平面桁架到空间桁架是从小跨度到大跨度的自然选择。

6.2.3　管桁架结构几何尺寸确定

《空间网格结构技术规程》JGJ 7—2010 第 3.4 节是关于管桁架的要求，我们把要点摘录如下：

3.4.1　立体桁架的高度可取跨度的 1/12～1/16。

3.4.2　立体拱架的拱架厚度可取跨度的 1/20～1/30，矢高可取跨度的 1/3～1/6。当按立体拱架计算时，两端下部结构除了可靠传递竖向反力外还应保证抵抗水平位移的约束条件。当立体拱架跨度较大时应进行立体拱架平面内的整体稳定性验算。

3.4.3　张弦立体拱架的拱架厚度可取跨度的 1/30～1/50，结构矢高可取跨度的 1/7～1/10，其中拱架矢高可取跨度的 1/14～1/18，张弦的垂度可取跨度的 1/12～1/30。

3.4.4　立体桁架支承于下弦节点时桁架整体应有可靠的防侧倾体系，曲线形的立体桁架应考虑支座水平位移对下部结构的影响。

3.4.5　对立体桁架、立体拱架和张弦立体拱架应设置平面外的稳定支撑体系。

结合实际工程项目，我们进行下面的梳理：

1）跨度建议：直线形：18～60m；拱线形：100m；

2）高度建议：直线形：1/16～1/12；拱线形：1/30～1/20；矢高 1/6～1/3；

3）网格尺寸：与高度匹配，角度目标是 45°；

4）面外支撑体系：结合檩条跨度，整体结构的刚度需求确定是否采用次桁架。

拓展：更多关于桁架概念设计的内容，详见视频 6.2.3。

视频 6.2.3
桁架钢结构
方案设计

6.2.4 杆件连接是刚接还是铰接

《大跨空间结构》图书进行了三个模型的对比，模型 A 为全刚接，模型 B 为弦杆贯通、腹杆铰接，模型 C 为全铰接。杆件内力汇总如表 6.2-1 所示。

三个模型的对比 表 6.2-1

杆件位置及编号		模型 A		模型 B		模型 C
		轴力（轴向应力）	弯矩（弯曲应力）	轴力（轴向应力）	弯矩（弯曲应力）	轴力（轴向应力）
弦杆	①	−462.5 （−93.2）	2.5 （13.4）	−463.3 （−93.3）	2.5 （13.4）	−469.8 （−94.6）
	②	−315.2 （−63.5）	1.4 （7.8）	−315.8 （−63.6）	1.6 （8.9）	−318.6 （−64.2）
	③	968.2 （110.0）	9.4 （16.7）	968.7 （110.0）	9.5 （16.9）	972.0 （110.7）
	④	754.3 （85.9）	6.0 （12.4）	754.7 （85.9）	6.8 （13.9）	756.0 （86.1）
腹杆	⑤	−163.8 （−65.2）	0.1 （1.0）	−168.0 （−66.9）	— （—）	−165.2 （−65.7）
	⑥	101.2 （40.2）	0.1 （2.3）	101.1 （40.2）	— （—）	100.9 （40.2）

实际项目中刚接与铰接的选择，建议根据《空间网格结构技术规程》JGJ 7—2010 第4.1.4 条确定。

4.1.4 分析网架结构和双层网壳结构时，可假定节点为铰接，杆件只承受轴向力；分析立体管桁架时，当杆件的节间长度与截面高度（或直径）之比不小于 12（主管）和24（支管）时，也可假定节点为铰接；分析单层网壳时，应假定节点为刚接，杆件除承受轴向力外，还承受弯矩、扭矩、剪力等。

视频 6.2.5-1
钢结构屋盖与混凝土
结构的整体分析（上）

视频 6.2.5-2
钢结构屋盖与混凝土
结构的整体分析（下）

6.2.5 结构建模分析思路

管桁架结构建议读者分三个步骤进行计算。

首先，单榀模型计算，目的是初选截面；

其次，多榀模型计算，组装屋盖，考虑各种工况作用，进行计算；

最后，整体模型，用于整体指标核算，核对截面。

目前国内软件，如 PKPM、YJK、3D3S 均可实现上述目标，本案例主要针对第三个整体模型的计算。

拓展：关于 YJK 整体模型的计算，详见视频 6.2.5（共 2 个）。

6.3 桁架结构 Gen 软件实际操作

考虑到读者经过前面 5 章内容的学习，对迈达斯的基本操作应该掌握了，本案例从整体建模的角度进行实际操作。

1. 建模导入

此类结构的建模，我们一般从其他建模软件进行导入。本案例采用 3D3S 导出的 MGT 文件辅助建模，读者根据自身项目情况进行选择。

图 6.3-1 是 MGT 文件。MGT 是导入 midas Gen 的文本格式文件——MGT 格式文件。

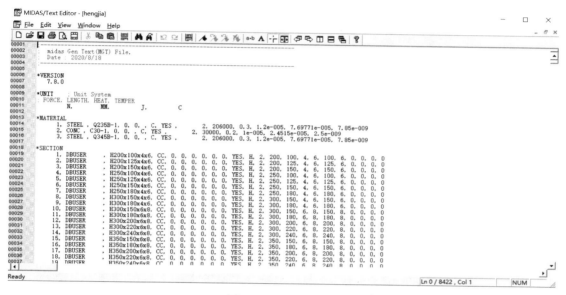

图 6.3-1　MGT 文件

2. 模型核查与补充定义

导入模型后，重点进行下面六项检查和补充：

1）节点总数、单元总数，确保 Gen 模型与原软件模型一致（图 6.3-2）。

图 6.3-2　工作检查

2）从材料特性、截面特性依次进行检查（图 6.3-3）。

3）删除无用的大部分截面，清理重复节点和单元等（图 6.3-4）。

注意：重复单元和节点的清理在 Gen 中非常重要，读者一定要养成良好习惯，尤其是对于外部导入的模型，更要记住清理重复单元。

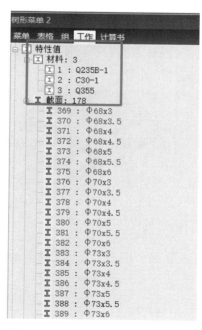

图 6.3-3　材料特性、截面特性检查

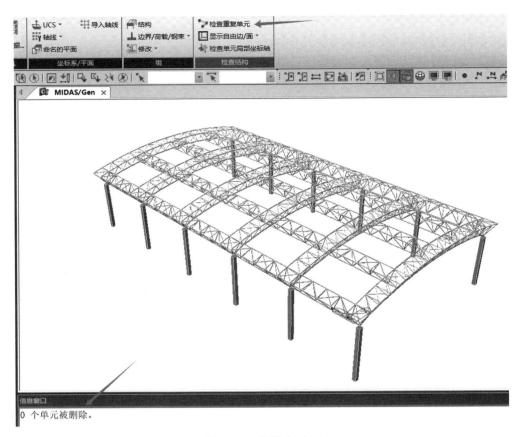

图 6.3-4　删除和清理

4）边界条件的核对，主要是支座和杆件的铰接连接。

图 6.3-5 为支座条件的核对。

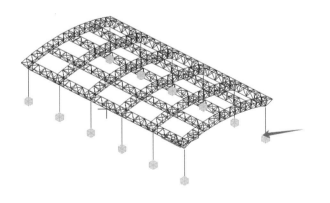

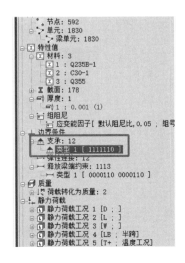

图 6.3-5　核对支座条件

图 6.3-6 为杆件约束的核对（在收缩模式下更容易核对）。

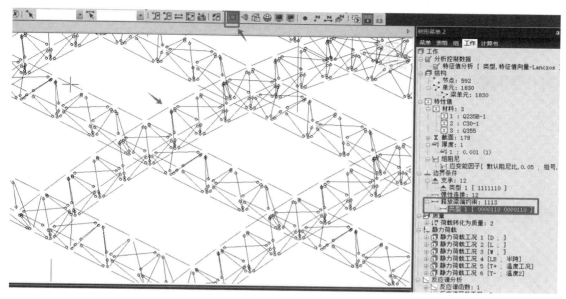

图 6.3-6　核对杆件约束

5）组阻尼的定义

组阻尼的设置，迈达斯采用振型阻尼比法计算（图 6.3-7）。

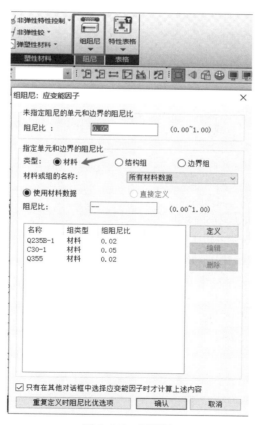

图 6.3-7　组阻尼

6）支座连接的定义

在 Gen 中通过弹性连接两点来模拟支座的约束情况，如图 6.3-8 所示。

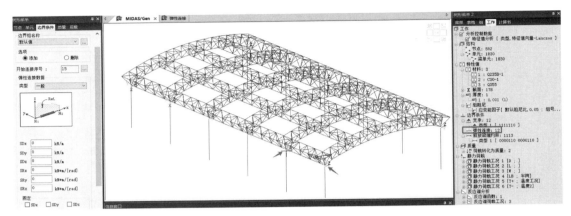

图 6.3-8　模拟支座约束情况

关于弹性连接的数据含义，我们汇总如下，方便读者针对不同的支座约束，进行定义查找。

弹性连接数据

类型：指定弹性连接类型。

一般：一般弹性连接（6 个自由度）。

刚性：刚性连接单元。

仅受拉：只受拉弹性连接。

仅受压：只受压弹性连接。

多折线：多折线形弹性连接。

注：当指定弹性连接为仅受拉或仅受压类型时，只能使用单元的轴向刚度。弹性连接与只受拉/压单元相同，遵循主控数据中定义的迭代法。

选择一般/刚性/仅受拉/仅受压时

SDx：单元局部坐标系 x 轴方向的刚度。

SDy：单元局部坐标系 y 轴方向的刚度。

SDz：单元局部坐标系 z 轴方向的刚度。

SRx：绕单元局部坐标系 x 轴的转动刚度。

SRy：绕单元局部坐标系 y 轴的转动刚度。

SRz：绕单元局部坐标系 z 轴的转动刚度。

3. 荷载检查

荷载工况的核查确保整体荷载种类不漏项，如图 6.3-9 所示。

接着，按荷载工况的类型，依次核对大面数值，如图 6.3-10 所示。

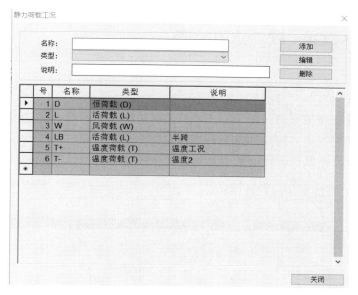

图 6.3-9　核查荷载工况

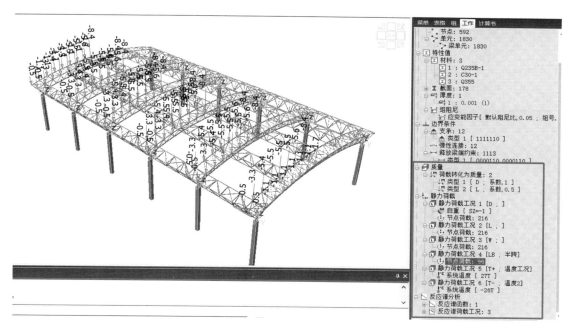

图 6.3-10　荷载检查

拓展：关于第 6.3 节实际操作部分更多的细节内容，详见视频 6.3（共 3 个）。

视频 6.3-1
桁架钢结构迈达斯软件
整体建模

视频 6.3-2
桁架钢结构弹性
连接设置

视频 6.3-3
桁架钢结构迈达斯软件
荷载核对

6.4 桁架结构 Gen 软件结果解读

1. 支座反力

选择"结果表格"→"反力"。

此项重点观察每个节点各工况下的支座反力合力。反力的对比，是为了确保荷载差异在可接受的范围的情况下，对后面的指标进行对比分析。

图 6.4-1 是以表格形式进行的显示，方便数据对比。

节点	荷载	FX (kN)	FY (kN)	FZ (kN)	MX (kN*m)	MY (kN*m)	MZ (kN*m)
			反力合力				
	荷载	FX (kN)	FY (kN)	FZ (kN)			
	D	0.000002	0.000000	2400.884363			
	L	0.000001	0.000000	941.362055			
	W	-24.060056	-0.000000	-1233.917118			
	LB	0.000001	0.000000	414.370111			
	T+	0.000001	0.000000	0.000000			
	T-	-0.000001	-0.000000	-0.000000			
	X(RS)	278.339457	2.278004	0.176912			
	Y(RS)	2.278004	270.496937	0.155476			
	Z(RS)	0.176912	0.155476	50.448483			
	D+L	0.000004	0.000000	3342.246418			

图 6.4-1　表格形式显示

图 6.4-2 是以图形的形式进行反力显示，读者可根据实际项目具体需求进行选择。

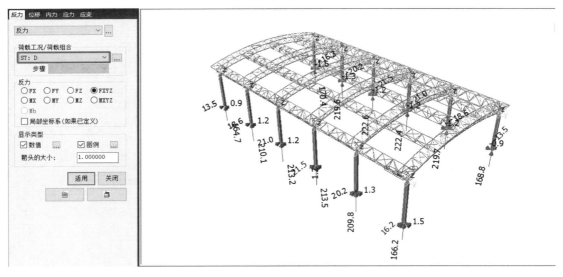

图 6.4-2　图形形式显示反力

2. 周期与振型

选择"结果表格"→"周期与振型"。

在 Gen 中，读者可以结果查看看表的形式查看周期具体数值，如图 6.4-3 所示。重点对比关注周期和振型参与质量。

节点	模态	UX	UY	UZ	RX	RY	RZ

特征值分析

模态号	频率		周期	容许误差
	(rad/sec)	(cycle/sec)	(sec)	
1	7.6363	1.2154	0.8228	0.0000e+000
2	7.9894	1.2716	0.7864	0.0000e+000
3	9.2150	1.4666	0.6818	0.0000e+000
4	16.4939	2.6251	0.3809	0.0000e+000
5	16.5227	2.6297	0.3803	0.0000e+000
6	24.2808	3.8644	0.2588	0.0000e+000
7	25.0796	3.9915	0.2505	0.0000e+000
8	26.7989	4.2652	0.2345	0.0000e+000
9	30.7667	4.8967	0.2042	0.0000e+000
10	31.3035	4.9821	0.2007	0.0000e+000
11	31.6016	5.0296	0.1988	0.0000e+000
12	37.4588	5.9617	0.1677	0.0000e+000
13	40.9266	6.5137	0.1535	0.0000e+000
14	51.7917	8.2429	0.1213	1.2671e-109
15	53.8384	8.5687	0.1167	2.2184e-104
16	54.6436	8.6968	0.1150	7.9935e-103
17	58.6447	9.3336	0.1071	5.1920e-097
18	62.3008	9.9155	0.1009	2.6962e-091
19	72.9777	11.6148	0.0861	1.7547e-069
20	75.4283	12.0048	0.0833	2.3198e-064

振型参与质量

模态号	TRAN-X		TRAN-Y		TRAN-Z		ROTN-X		ROTN-Y		ROTN-Z	
	质量(%)	合计(%)	质量(%)	合计(%)	质量(%)	合计(%)	质量(%)	合计(%)	质量(%)	合计(%)	质量(%)	合计(%)
1	0.0185	0.0185	99.1753	99.1753	0.0000	0.0000	1.6090	1.6090	0.0005	0.0005	0.0891	0.0891
2	99.7613	99.7798	0.0189	99.1941	0.0000	0.0000	0.0005	1.6095	2.7385	2.7390	0.0001	0.0893
3	0.0001	99.7799	0.0847	99.2788	0.0002	0.0002	0.0027	1.6122	0.0000	2.7390	98.2684	98.3576
4	0.1168	99.8967	0.0023	99.2811	0.0176	0.0178	0.0225	1.6347	0.0013	2.7404	0.6804	99.0381

图 6.4-3　查看周期数值

3. 振型阻尼比

选择"结果"→"振型阻尼比"。

本案例属于混合结构，底部为混凝土柱，屋盖为钢管桁架，材料不相同。Gen 中可以查看振型阻尼比，如图 6.4-4 所示。

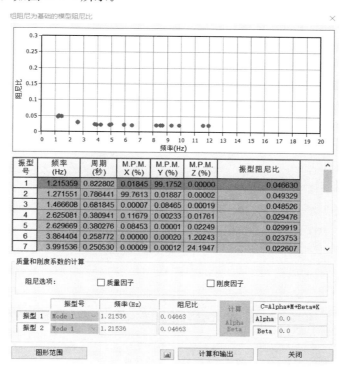

图 6.4-4　振型阻尼比

4. 变形

选择"结果"→"位移"→"位移等值线"。

标准组合下的挠度是软件对比的一个重要环节,变形如图 6.4-5 所示。

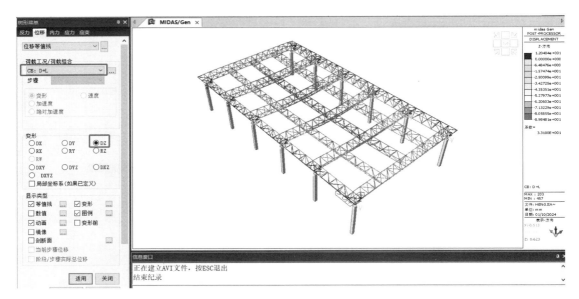

图 6.4-5　变形

另一个提醒读者注意的是温度作用下的变形,空间结构受温度作用影响比较敏感,建议从变形和内力的角度进行对比核算。

图 6.4-6 为升温下的热胀变形。

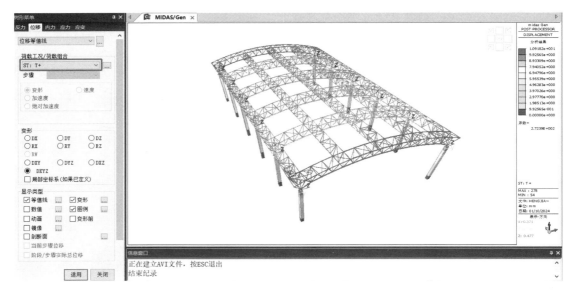

图 6.4-6　升温下的热胀变形

图 6.4-7 为降温下的冷缩变形。

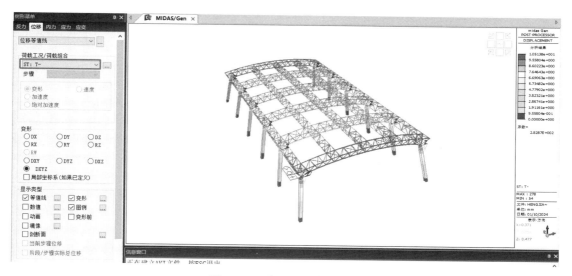

图 6.4-7　降温下的冷缩变形

5. 内力

选择"结果"→"内力"→"梁单元内力图"。

内力对比重点关注的是，内力的分布规律是否一致。

图 6.4-8 为恒荷载作用下的轴力分布。

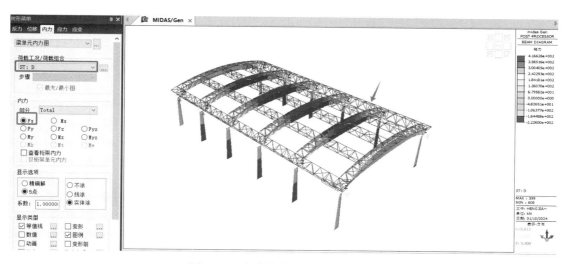

图 6.4-8　恒荷载作用下的轴力分布

取其中一榀观察轴力分布规律，如图 6.4-9 所示。可以发现，倒三角形在受压一侧有两根弦杆共同分担轴向压力。

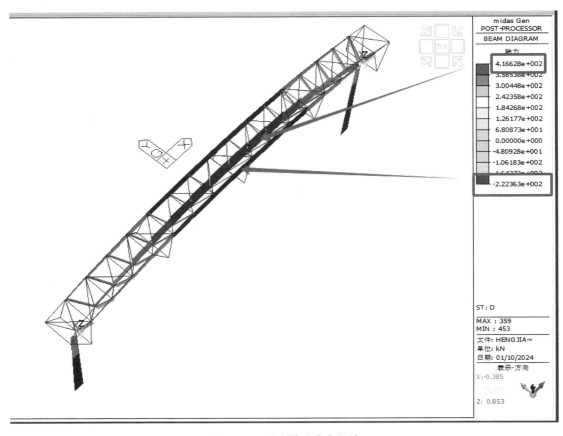

图 6.4-9　观察轴力分布规律

图 6.4-10 为风荷载作用下的内力分布，符合上拉下压的特征，风荷载控制地区留意风荷载工况及相关组合。

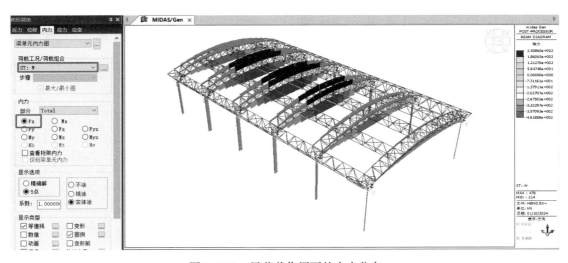

图 6.4-10　风荷载作用下的内力分布

拓展：桁架结构 Gen 解读更多的细节内容，详见视频 6.4。

6.5　桁架结构案例思路拓展

1. 定性对比与定量分析

本案例重在软件对比，软件导入可以大幅度提升效率。读者实际项目操作时，务必抓大放小，重在比较规律的一致性，忽略数字的微小差异；

同时，读者需要留意计算前期的材料特性、截面、约束、荷载校核，是后面有意义对比分析的前提。

2. 节点计算

管桁架结构主要采用相贯节点，感兴趣的读者可以利用 midas Gen 的板单元进行相贯节点的有限元计算，重点关注 von Mises 应力。

6.6　桁架结构小结

本章重点对管桁架结构的整体计算全流程进行了介绍，读者重点体会支座处弹性连接的定义，此处是正确模拟的关键一环；同时，后处理结果中的查看，务必把握概念上的统一，忽略数值的差异。

拓展：桁架结构 Gen 小结更多的细节内容，详见视频 6.6。

第 **7** 章
异形钢结构计算分析

7.1 异形钢结构案例背景

7.1.1 初识异形钢结构

异形钢结构一个重要的特点就是没有层的概念，在现有的空间钢结构体系中难以准确归类，它的出现其实是伴随着建筑设计师的需求应运而生（图 7.1-1）。

图 7.1-1　异形钢结构

7.1.2 案例背景

本案例根据某商业中心项目改编而成。

本案例为一个商业中心广场的异形钢连廊。与常规钢连廊不同，它是独立的结构体系，不依附于其他主体结构，建筑师限制下部空间结构柱的数量，三维模型如图 7.1-2 所示。

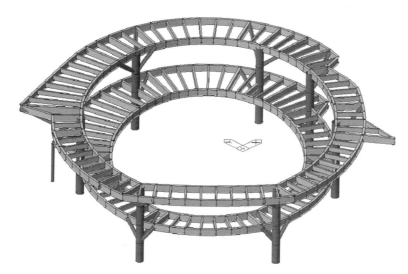

图 7.1-2　三维模型

7.2　异形钢结构概念设计

7.2.1　异形钢结构的建模

相较于传统的空间结构，异形钢结构的建模是一大特色。所谓法无定法，它不像传统的结构体系有规律可循。异形钢结构的规律体现在几何规律上，然后几何形状很大程度上需要在方案阶段与建筑师配合完成。

读者做异形钢结构的项目，务必在方案阶段多与建筑师沟通，争取最适合结构的造型。

比如本项目，立柱的争取是一大亮点。如果柱子数量和位置在结构角度选取不理想，那么后期计算当然也不会理想。

具体到异形结构的建模，建议读者用犀牛 GH 参数化建模，将关键的控制线从建筑师那里拷贝过来，搞清楚建筑做法，得到结构控制线。

在结构控制线的基础上，充分发挥结构工程师的主观能动性，利用参数化建模打造结构主体轮廓。为何强烈建议读者用参数化建模呢？很重要的原因是建筑造型的不确定性和结构计算方案对比的便利。本书由于重点介绍的是 Gen 有限元分析软件，参数化的内容请读者参阅本丛书中笔者的另一本图书《Grasshopper 参数化结构设计入门与提高》。

7.2.2　异形钢结构的整体指标控制

异形钢结构的整体指标控制不像传统的钢结构会有规范的一些条条框框约束。这里，建议读者把握以下几点。

第一，周期和振型。这个指标在异形钢结构中查看的目的主要是排除机构和感知结构的刚度，尽量避免前两个振型的扭转。

第二，竖向荷载作用下的变形。这个指标主要保证异形钢结构在正常使用时的变形符合规范要求，进而保证安全底线。

第三，整体稳定。这个指标重点针对的是大跨异形屋盖钢结构，避免发生整体失稳。

第四，关键杆件的强度控制。这个指标重点针对的是关键杆件，就是设计师认为重要的杆件。

第五，特殊节点的有限元分析。这个指标针对的是异形钢结构的复杂节点，通过有限元分析进一步确保结构安全。

7.2.3 异形钢结构的搭建思路

异形钢结构的搭建思路不像传统的钢结构那样有固定的套路，它的模型构思非常考验设计师的结构概念。这里给读者的建议是多看、多参考国内外的结构案例。

这里提醒读者的是异形钢结构，合理的结构骨架可以在后面的结构计算中起到决定性的作用。传递竖向荷载的关键构件搭建成骨架，一定要在方案阶段多跟建筑师争取。如果骨架憋屈，后面的计算结果往往不尽人意，即使计算通过，经济性也没有保证。这有点类似于混凝土结构中的剪力墙布置。

7.3 异形钢结构 Gen 软件实际操作

异形钢结构在实际项目中经常采用的方法是外部导入 Gen 的方法，可以先从其他计算软件进行分析，再用 Gen 补充校核。也可以用犀牛参数化 GH 建模，导入 Gen 进行分析计算。本案例采取从 3D3S 中进行模型导入的思路，重在给读者演示 Gen 中异形钢结构计算的全部流程。

1. 建模导入

第 6 章我们介绍过 midas 的 MGT 文件是特有的文本文件，读者可以根据 3D3S 导出的 MGT 文件进行必要的检查，如图 7.3-1 所示。

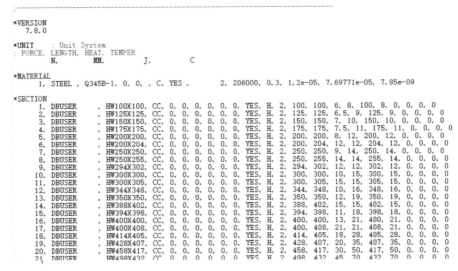

图 7.3-1　检查 MGT 文件

2. 模型核查与补充定义

导入模型后，本案例重点进行下面四项检查和补充：

1）节点总数、单元总数，确保 Gen 模型与原软件模型一致，如图 7.3-2 所示。
2）从材料特性、截面特性依次进行检查（图 7.3-3）。

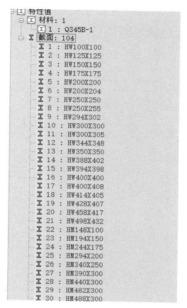

图 7.3-2　总数一致　　　　　图 7.3-3　材料特性、截面特性

本项目当时用的是 Q345B 钢材，读者实际项目一般采用 Q355B 钢材。
3）删除无用的大部分截面，清理重复节点和单元等，如图 7.3-4 所示。

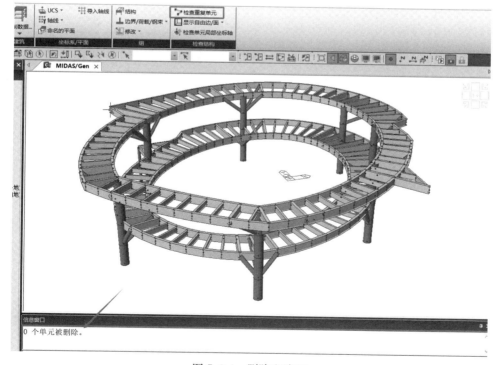

图 7.3-4　删除和清理

注意：重复单元和节点的清理在 Gen 中非常重要，读者一定要养成良好习惯，尤其是对于外部导入的模型，更要记住清理重复单元。

4）边界条件的核对，主要是支座和杆件的铰接连接。

图 7.3-5 为支座条件的核对。

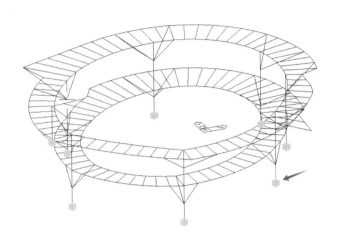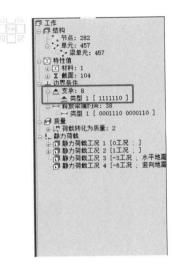

图 7.3-5　核对支座条件

图 7.3-6 为杆件约束的核对（在收缩模式下更容易核对）。

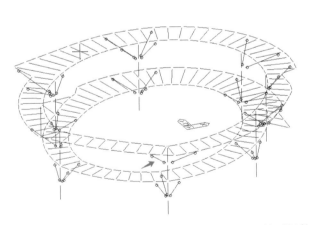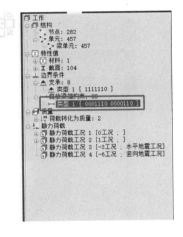

图 7.3-6　核对杆件约束

3. 荷载检查

荷载工况的核查确保整体荷载种类不漏项，如图 7.3-7 所示。

注意，本案例没有考虑风荷载，因为属于室外钢连廊，结构周圈均是通透的，风荷载非常小，因此重点关注的是竖向荷载、温度荷载、地震荷载。实际项目中，读者需要根据项目所在地进行主控荷载的判断。

接着，按荷载工况的类型，依次核对大面数值，如图 7.3-8 所示。

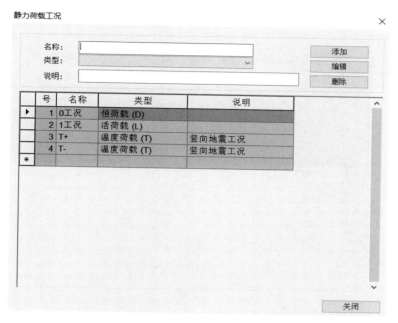

图 7.3-7 荷载检查一

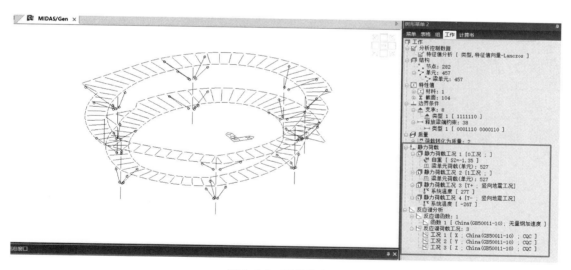

图 7.3-8 荷载检查二

荷载检查完毕后，即可进行运算分析。

7.4 异形钢结构 Gen 软件结果解读

1. 支座反力

选择"结果表格"→"反力"。

此项重点观察每个节点各工况下的支座反力合力。反力的对比，是为了确保荷载差异在可接受的范围的情况下，对后面的指标进行对比分析。

157

图 7.4-1 是以表格形式进行的显示，方便数据对比。

	节点	荷载	FX (kN)	FY (kN)	FZ (kN)	MX (kN*m)	MY (kN*m)	MZ (kN*m)
▶	7	0工况	-13.080054	169.004791	1512.853607	-770.88623	-68.396370	12.119834
	7	1工况	-11.089206	97.235263	810.108293	-439.96591	-52.254884	9.074367
	7	T+	-25.209656	-113.784246	17.272868	476.32071	-115.80445	10.918319
	7	T-	24.275965	109.570015	-16.633132	-458.67920	111.51539	-10.513936
	7	X(RS)	62.948618	19.004706	15.898391	125.40496	302.00272	8.640527
	7	Y(RS)	35.208022	28.787009	27.059319	191.77439	186.86911	9.435627
	7	Z(RS)	1.068700	0.788774	0.790503	5.386622	4.396905	0.337469
					反力合力			
		荷载	FX (kN)	FY (kN)	FZ (kN)			
		0工况	-0.000000	-0.000000	7444.941055			
		1工况	-0.000000	-0.000000	3720.100431			
		T+	-0.000000	0.000000	-0.000000			
		T-	0.000000	-0.000000	-0.000000			
		X(RS)	233.303212	97.386547	4.808007			
		Y(RS)	97.386547	300.396118	8.490903			
		Z(RS)	4.808007	8.490904	0.325328			

图 7.4-1　支座反力表格形式

图 7.4-2 是以图形的形式进行反力显示，读者可根据实际项目具体需求进行选择。

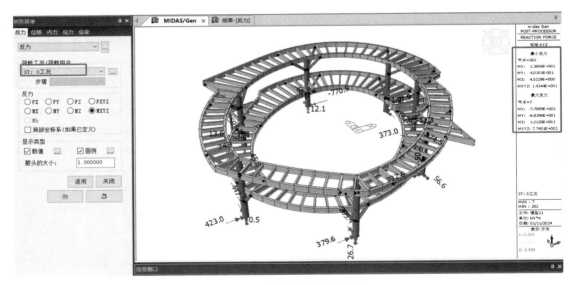

图 7.4-2　支座反力图形形式

支座反力的显示主要是给柱脚和基础的设计提供依据，在计算分析阶段可以根据数值定性判断基础和柱脚的形式。

2. 周期与振型

选择"结果表格"→"周期与振型"。

在 Gen 中，读者可以以结果查看表的形式查看周期具体数值，如图 7.4-3 所示。重点对比关注周期以及振型参与系数。

特征值分析

模态号	频率 (rad/sec)	频率 (cycle/sec)	周期 (sec)	容许误差
1	9.8631	1.5698	0.6370	4.0262e-078
2	11.5618	1.8401	0.5434	1.3142e-067
3	12.0925	1.9246	0.5196	2.2554e-063
4	12.7045	2.0220	0.4946	1.9274e-060
5	13.6781	2.1769	0.4594	4.7839e-057
6	15.0415	2.3939	0.4177	4.5865e-052
7	15.9243	2.5344	0.3946	2.6839e-049
8	17.7429	2.8239	0.3541	2.3807e-043
9	18.6823	2.9734	0.3363	7.1852e-040
10	19.7426	3.1421	0.3183	2.1296e-037

振型参与质量

模态号	TRAN-X 质量(%)	合计(%)	TRAN-Y 质量(%)	合计(%)	TRAN-Z 质量(%)	合计(%)	ROTN-X 质量(%)	合计(%)	ROTN-Y 质量(%)	合计(%)	ROTN-Z 质量(%)	合计(%)
1	21.9975	21.9975	7.3838	7.3838	0.0023	0.0023	0.7747	0.7747	3.0080	3.0080	7.9703	7.9703
2	0.6274	22.6249	4.1871	11.5709	0.0096	0.0119	0.5596	1.3342	0.1141	3.1221	0.0458	8.0161
3	35.0612	57.6861	0.4554	12.0263	0.0582	0.0701	0.1128	1.4470	2.1718	5.2939	0.0000	8.0161
4	0.3903	58.0764	7.2857	19.3119	0.0079	0.0780	0.8286	2.2755	0.0007	5.2945	26.6875	34.7036
5	0.4037	58.4801	44.7041	64.0161	0.1403	0.2183	3.2653	5.5408	0.0406	5.3351	1.8210	36.5246
6	8.0294	66.5095	11.4011	75.4171	0.0053	0.2236	0.8192	6.3600	0.4521	5.7872	4.7192	41.2438
7	6.0852	72.5947	1.6901	77.1073	0.0202	0.2438	0.0902	6.4502	0.7909	6.5781	30.4101	71.6539
8	2.5004	75.0951	0.4961	77.6033	0.0064	0.2502	0.0085	6.4587	0.0626	6.6407	0.0076	71.6615
9	1.5563	76.6514	0.3994	78.0027	0.0309	0.2810	0.0052	6.4639	0.2984	6.9392	0.4025	72.0641
10	4.8087	81.4601	0.1254	78.1281	0.0125	0.2935	0.4319	6.8958	0.7803	7.7194	3.3923	75.4563

模态号	TRAN-X 质量	合计	TRAN-Y 质量	合计	TRAN-Z 质量	合计	ROTN-X 质量	合计	ROTN-Y 质量	合计	ROTN-Z 质量	合计
1	185.711	185.711	62.3369	62.3369	0.0062	0.0062	406.878	406.878	1597.74	1597.74	22435.9	22435.9
2	5.2970	191.008	35.3494	97.6864	0.0265	0.0327	293.895	700.774	60.5897	1658.33	128.884	22564.7

特征值模态　振型参与向量

图 7.4-3　周期数值表

图 7.4-3 以表格的形式给出异形钢结构的周期，读者需要进一步通过振型动画的形式来感受前几阶振型的特点，方便后续内力和变形查看时有所侧重。振型动画的显示方法如图 7.4-4 所示。

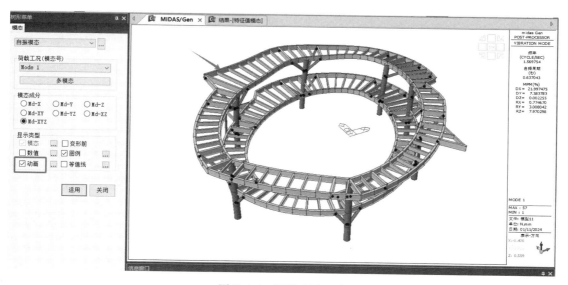

图 7.4-4　振型动画显示

3. 变形

选择"结果"→"位移"→"位移等值线"。

标准组合下的挠度是软件对比的一个重要环节，变形如图 7.4-5 所示。

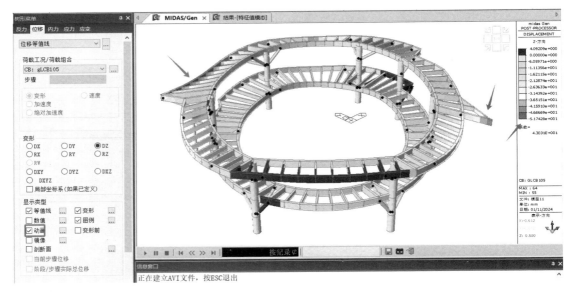

图 7.4-5　变形

通过位移等值线可以很容易发现变形最大的位置，通过定量的计算来判断是否满足要求。并且，在后续设计时可以针对性地对杆件进行加强。

读者也可以充分利用 Gen 的激活功能，对关键部位进行局部激活，显示变形最大位置附近的结构变化，进一步判断变形过大的原因。

如图 7.4-6 所示，不难发现主要竖向圆管柱的分支对外围悬挑部分的封边梁起到支座

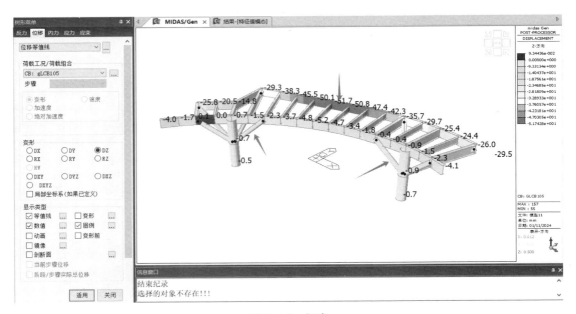

图 7.4-6　探索

的作用。要想减小中部的变形，除了增大封边梁刚度以外，还需要对支管和悬臂梁组成的"支座"进行加强。

此类的异形钢结构，建议读者还可以查看升温和降温工况下的变形是否符合力学规律。

图 7.4-7 为升温下的变形，是典型的热胀变形。

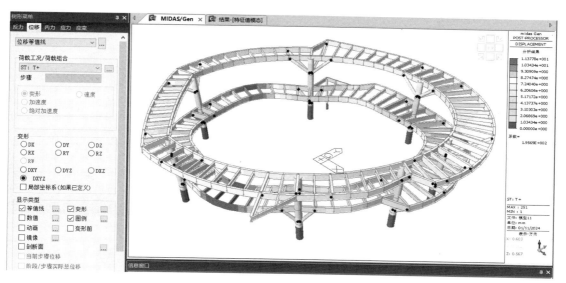

图 7.4-7 升温下的变形

图 7.4-8 为降温下的变形，是典型的冷缩变形。

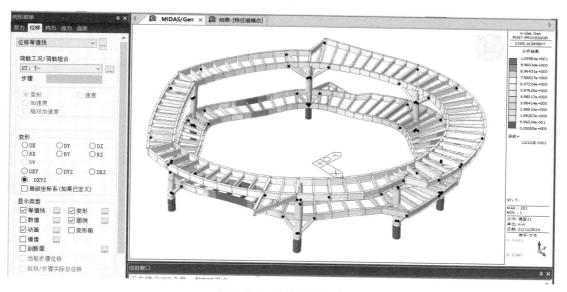

图 7.4-8 降温下的变形

最后，查看地震工况下的变形。

图 7.4-9 为 X 方向地震作用下的变形。

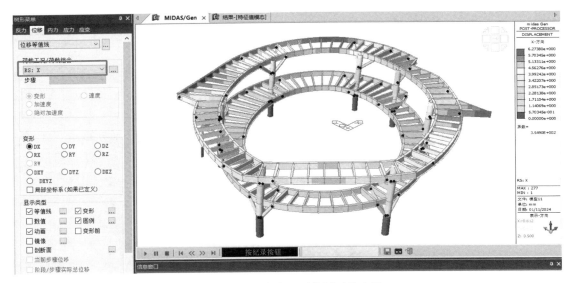

图 7.4-9　X 方向地震作用下的变形

图 7.4-10 为 Y 方向地震作用下的变形。

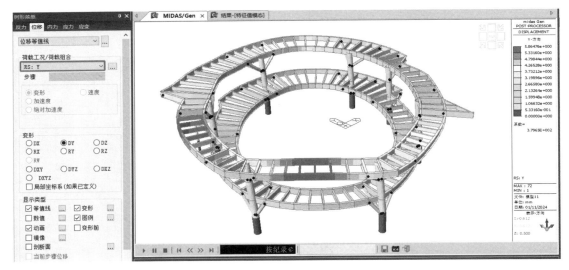

图 7.4-10　Y 方向地震作用下的变形

图 7.4-11 为 Z 方向地震作用下的变形。

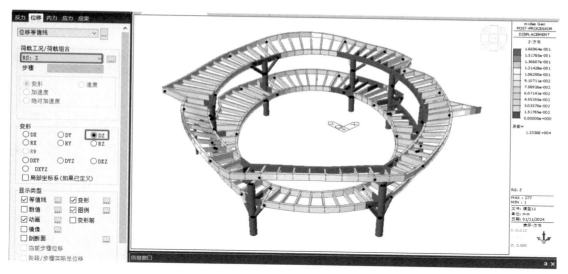

图 7.4-11　Z 方向地震作用下的变形

4. 内力

选择"结果"→"内力"→"梁单元内力图"。

内力对比重点关注的是，内力的分布规律是否一致。

图 7.4-12 为恒荷载作用下的轴力分布。可以观察到，在竖向荷载下，七根圆管柱承担了整个钢连廊所有的竖向荷载。

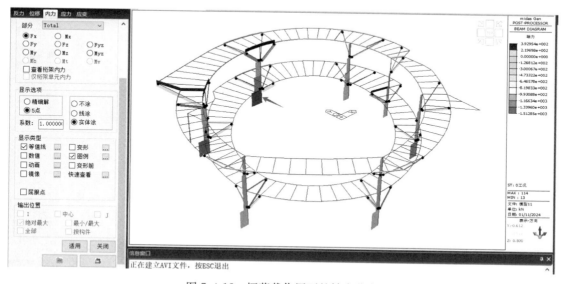

图 7.4-12　恒荷载作用下的轴力分布

图 7.4-13 为进一步的激活，观察数值。不难发现，从支树干到主树干，力的流动从

上到下、逐步累积，是一种很自然的过程。

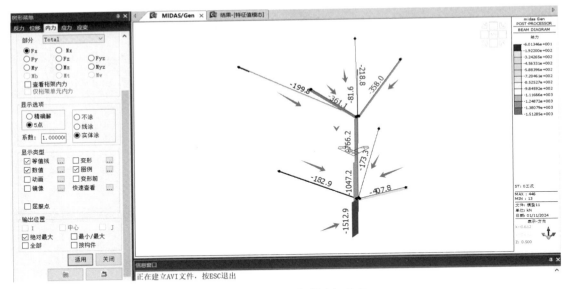

图 7.4-13　进一步激活与观察

　　图 7.4-14 是竖向荷载作用下的弯矩图，整体上可以看出分支柱对悬挑的钢梁均起到了支座的作用，从而产生了负弯矩。

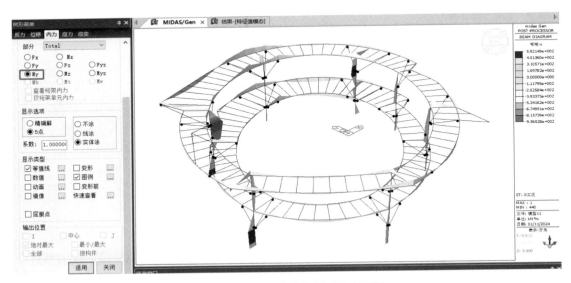

图 7.4-14　竖向荷载作用下的弯矩图

　　进一步激活圆管柱附近的杆件，观察弯矩分布，如图 7.4-15 所示。

注意图 7.4-15 箭头处的弯矩，读者自行体会支杆的轴力集中作用在主杆上，产生的弯矩。

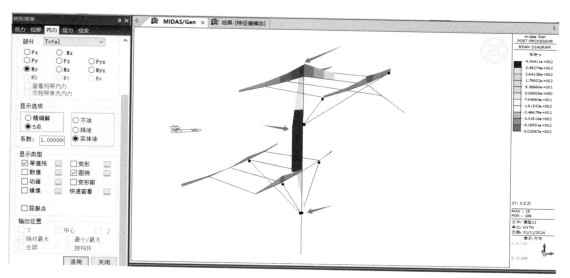

图 7.4-15　观察弯矩分布

接下来看升温作用下的内力，图 7.4-16 为升温下的轴力。

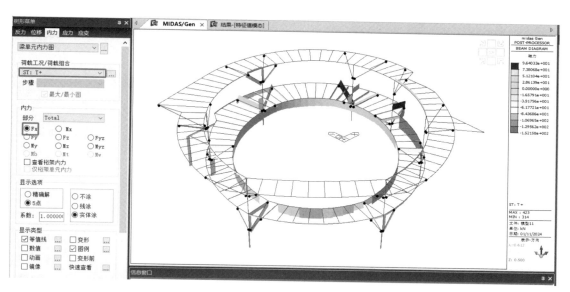

图 7.4-16　升温下的轴力

读者可以明显看到，升温作用下杆件热胀，由于支座的束缚，产生大量压力；同时，从上到下，随着约束的增强，轴力越来越大。

图 7.4-17 为中间圆管部位圆环的轴力变化。可以看到，圆环的压力传递到分支，类似一个悬臂桁架。

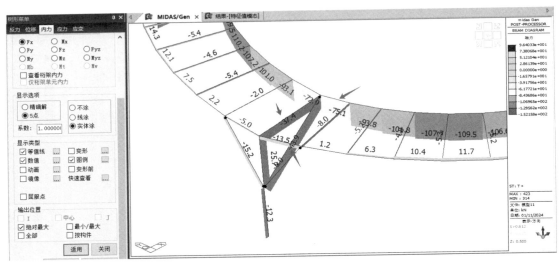

图 7.4-17　中间圆管部位圆环的轴力变化

图 7.4-18 为升温下的弯矩内力图。可以看出，升温下，所有水平杆件的轴力均通过分支杆件进行传递，以集中力的形式施加在圆管柱上，最后体现为主杆的受弯。

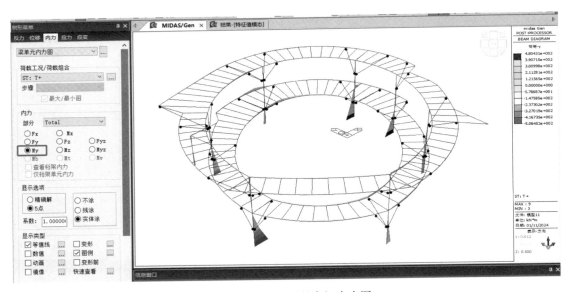

图 7.4-18　升温下的弯矩内力图

我们继续看降温下杆件内力变化。图 7.4-19 为降温下杆件的轴力，与升温相反，降温下冷缩的特性由于杆件的约束产生拉力。

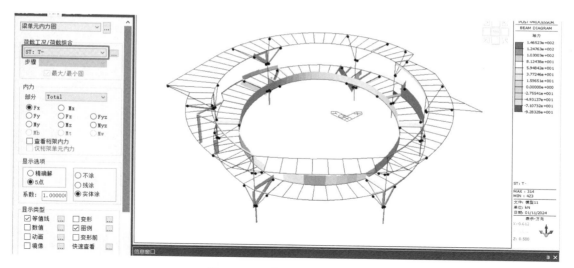

图 7.4-19　降温下杆件的轴力

　　图 7.4-20 为中间圆管部位圆环的轴力变化。可以看到，圆环的拉力传递到分支，类似一个悬臂桁架，轴力由升温的压变为拉。

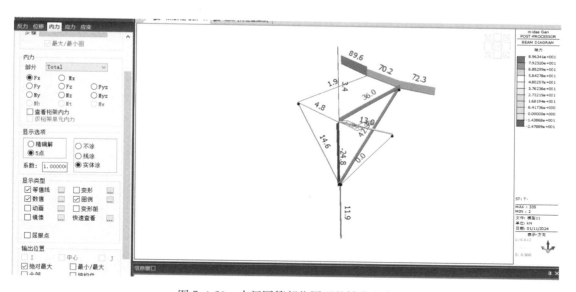

图 7.4-20　中间圆管部位圆环的轴力变化

　　图 7.4-21 为降温下的弯矩内力图。可以看出，降温下，所有水平杆件的轴力均通过分支杆件进行传递，以集中力的形式施加在圆管柱上，最后体现为主杆的受弯，注意方向与升温相反。

　　本案例不是地震控制，因此未对地震作用下的内力进行一一查看分析。读者可根据配套资料自行学习查看。这里提醒读者的是，要从概念上进行把握。圆管柱分支再多，也无法对主管做到完全约束，在水平荷载作用下，它的主要受力特性还是悬臂梁的形态。如图 7.4-22 所示为水平地震作用下的弯矩。

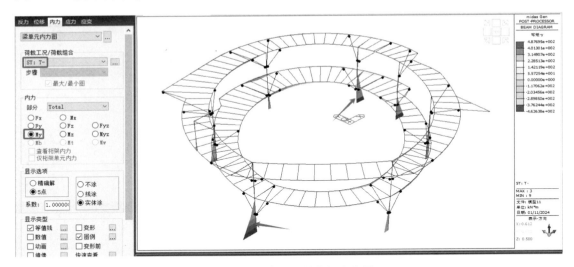

图 7.4-21　降温下的弯矩内力图

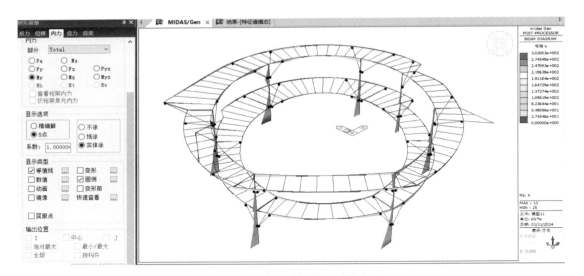

图 7.4-22　水平地震作用下的弯矩

7.5　异形钢结构案例思路拓展

1. 主要承重构件的设计

通过前面的阅读，读者一定会留意到环形钢连廊的主要构件就是圆管柱及其分支。尤其是圆管柱根部承担很大的内力，实际项目中基础和柱脚的设计非常关键。

这里提醒读者，圆管柱尽量做埋入式柱脚；同时，圆管根部可以在计算满足的情况下，构造上在一定范围的圆管内加混凝土，增强根部的受力。

2. 分支与主管的节点

此处是环形连廊最关键的节点，其处理成败关系整个连廊的安全，建议读者在此处进行有限元分析。

同时，在构造上设置加劲肋进行加强。

7.6　异形钢结构小结

本章主要介绍了异形钢结构的分析流程，旨在给读者展示异形钢结构的设计手法和软件论证的模式。实际项目中，异形钢结构种类繁多，每一类都要有针对性地进行加强和分析。

希望本章的内容能对读者解决异形钢结构的项目有所启发。

第**8**章

钢筋混凝土穿层柱屈曲分析

8.1 钢筋混凝土穿层柱案例背景

8.1.1 初识穿层柱

穿层柱是结构设计中经常遇到的一类特殊的框架柱，特别是在大型公共建筑中，为了满足建筑师的需求应运而生（图8.1-1）。

图8.1-1 穿层柱

8.1.2 案例背景

本案例根据某办公楼项目改编而成。

本案例为某办公楼入口，对一穿层柱（图8.1-2）进行分析，旨在让读者掌握穿层柱的有限元分析过程。

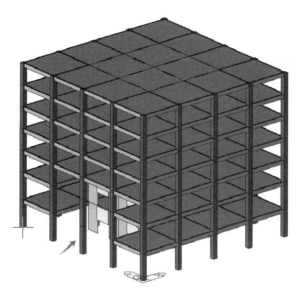

图 8.1-2　穿层柱模型

8.2　钢筋混凝土穿层柱概念设计

8.2.1　穿层柱的由来

相较于传统的框架柱，穿层柱的特点是几何长度比较长，穿越楼层。在我国超限审查要点中，对穿层柱有所提及，归纳为局部不规则项。

在实际项目中，穿层柱一般做性能设计，就是中震抗弯不屈，抗剪弹性。这类性能设计一般借助国产软件可以完成。

穿层柱还有一个重要的分析就是屈曲分析，这是本章的核心所在。传统的框架柱，在构件计算时有计算长度之说；但是，穿层柱需要经过屈曲分析反算计算长度系数，后面我们将作详细介绍。

8.2.2　穿层柱稳定分析的意义

1. 构件正常工作的概念

构件正常工作的三要素：强度、刚度和稳定性，如图 8.2-1 所示。

构件的刚度我们可以通过长细比来控制，强度和稳定性在结构设计中属于强度范畴，稳定性由稳定系数间接考虑。

说到稳定系数，有一个核心参数，就是计算长度。进一步说，就是计算长度系数。而对于穿层柱来说，计算长度系数往往需要通过屈曲分析进行反算。

2. 两类稳定问题

在陈绍蕃主编的《钢结构设计原理》中，我们知道失稳一般分两类：分支点失稳和极值点失稳，如图 8.2-2 所示。

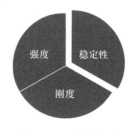

图 8.2-1　构件正常
工作的三要素

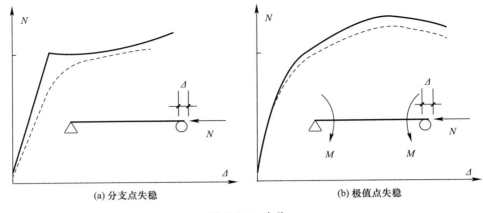

(a) 分支点失稳   (b) 极值点失稳

图 8.2-2 失稳

分支点失稳：临界状态时，结构从初始的平衡位形突变到与其临近的另一平衡位形，表现出平衡位形的分叉现象。

极值点失稳：临界状态表现为结构不能再承受荷载增量，是极值点失稳的特征。

3. 两类稳定问题的工程应对

在工程界，针对两类稳定问题，我们采用两种分析来进行应对，第一类稳定问题对应线性屈曲分析，也称特征值屈曲分析；第二类稳定问题对应非线性屈曲分析，也称几何非线性失稳分析，如图 8.2-3 所示。

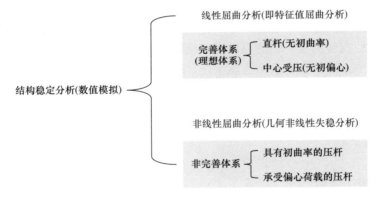

图 8.2-3 结构稳定分析分类

需要说明的是，非线性屈曲分析在网壳结构等大跨钢结构中经常用到。

4. 穿层柱的稳定分析

穿层柱属于压杆，工程上采用特征值屈曲分析，来确定它的屈曲因子 [式 (8.2-1)]，进一步确定它的临界荷载；然后，根据欧拉公式来确定它的计算长度，再进行之后的计算。

$$([K]+\lambda[K_G])\{U\}=\lambda\{P\}$$
$$|[K]+\lambda[K_G]|=0$$

(8.2-1)

5. 欧拉公式到计算长度系数

刘鸿文的《材料力学》一书里，有对压杆稳定的详细介绍。我们这里选取与工程相关的内容摘录汇总。

图 8.2-4 为梁端铰支细长压杆的临界压力推导过程。

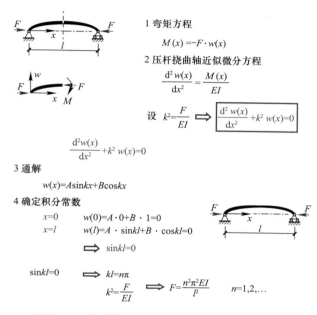

图 8.2-4　梁端铰支细长压杆的临界压力推导过程

不难看出，n 不同，得出的 F 不同。工程上有意义的数值是 $n=1$ 时的 F 值，即所谓的欧拉临界力。

图 8.2-5 是对两端铰支细长压杆临界压力欧拉公式的参数解读和应用范围。

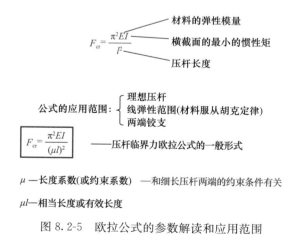

图 8.2-5　欧拉公式的参数解读和应用范围

可以清楚地看出，从临界力到计算长度系数的过渡，我国规范也是通过计算长度系数来确定稳定系数，进行构件的强度计算，来确定构件安全度。

表 8.2-1 为不同约束条件下的计算长度系数。

不同约束条件下的计算长度系数   表 8.2-1

约束条件	两端铰支	一端固定另端铰支	两端固定	一端固定另端自由
挠曲线形状				
μ	1.0	0.7	0.5	2.0

实际项目中，穿层柱大部分介于固定约束和铰接约束之间，因此计算长度系数多处于 0.5～1.0 的范围。这也可以作为软件反算计算长度合理与否的参考经验。

6. 提高压杆稳定的措施

结合第 5 小节的公式，从理论上可以看出，提供临界力，无外乎下面四个角度：

1）合理的截面形状，增大截面惯性矩；

2）减小压杆长度；

3）增强约束，减小长度系数；

4）合理的材料，增大弹性模量 E。

实际项目中，第 2/4 种方法可操作性不强，经常采用第 1/3 种方法。

8.3   钢筋混凝土穿层柱 Gen 软件实际操作

本章内容和前面章节不一样，属于补充计算级别的有限元分析，因此读者在阅读学习时要有所侧重。

在进行穿层柱的 Gen 软件实际操作之前，我们先梳理一下涉及穿层柱计算的补充模型顺序问题。

1）国产软件（YJK 或者 PK）进行小震计算初始模型；

2）Gen 进行整体屈曲分析模型/Gen 采用单位力法进行屈曲分析模型；

3）选出合适的计算长度系数反填入国产软件（YJK 或者 PK）重新进行小震计算；

4）国产软件（YJK 或者 PK）对穿层柱进行中震抗弯不屈、抗剪弹性计算；

5）如有需要，其他相关补充计算（如穿层柱相关的楼板等）。

在以上五步中，涉及 Gen 的是第二步，也是稳定分析最关键的一步。

下面，先介绍整体屈曲分析模型计算的详细步骤。

1. Gen 整体屈曲分析模型处理

先导入 MGT 文件，如图 8.3-1 所示。

通过工作树菜单检查，删除反应谱工况、风荷载等"无用"工况（图 8.3-2），便于提升计算速度。

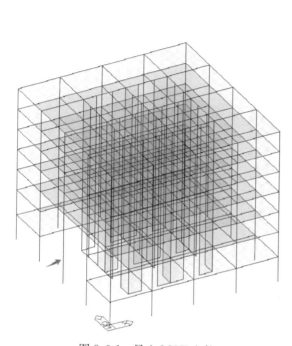

图 8.3-1　导入 MGT 文件

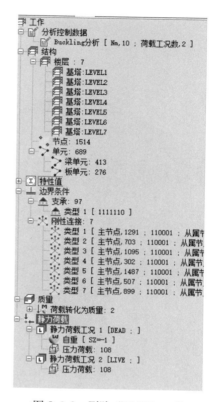

图 8.3-2　删除"无用"工况

为了便于提升计算精度，对穿层柱进行单元分割，如图 8.3-3 所示。

至此，模型处理完毕。

2. Gen 整体屈曲分析屈曲工况设置

屈曲工况的设置如图 8.3-4 所示。

屈曲模态的模态数：输入需要计算的屈曲模态数量。建议读者捕捉到穿层柱的屈曲模态即可。

仅考虑正值：只输出荷载方向的特征值。一般来说，穿层柱仅考虑正值。

检查斯图姆序列：勾选该项可检查任何丢失的屈服荷载系数，若存在，会在信息窗口给出报错提示。建议读者勾选。

屈曲分析荷载组合中，输入屈曲分析时的荷载工况（组合）和组合系数（均为1）。建议如下：

可变：考虑增减的荷载（活荷载等）。

不变：不考虑增减的荷载（自重、恒荷载等）。

计算临界荷载的公式为：P_{cr}＝不变荷载＋屈曲荷载系数×可变荷载

注意这里可变和不变其实也是相对的，实际项目灵活运用。

设置完毕，直接运行分析即可，整体屈曲分析的结果解读详见第 8.4 节。

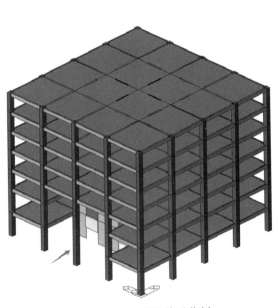

图 8.3-3　穿层柱单元分割

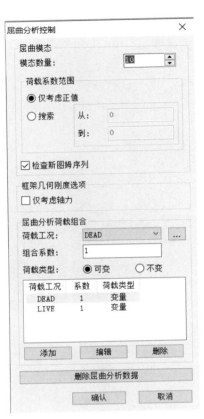

图 8.3-4　屈曲工况设置

3. Gen 单位力法屈曲分析模型处理

单位力法的模型处理同整体屈曲分析一样，唯一需要增加的地方是单位力的施加，在柱顶施加单位力即可，如图 8.3-5 所示。

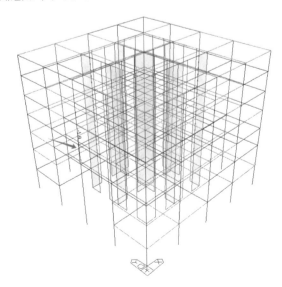

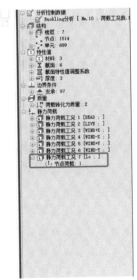

图 8.3-5　柱顶施加单位力

至此，Gen 整体屈曲分析和单位力法屈曲分析前处理设置均已完毕。

8.4 钢筋混凝土穿层柱 Gen 软件结果解读

1. 整体屈曲分析法屈曲因子

选择"结果表格"→"屈曲模态"。

屈曲因子是做屈曲分析最重要的结果指标。这里，首先可以通过表格详细汇总出各模态下的特征值，也就是屈曲因子，如图 8.4-1 所示。

节点	模态	UX	UY	UZ	RX	RY	RZ
				屈曲分析			
	模态	特征值	容许误差				
	1	33.544361	0.0000e+000				
	2	33.823280	0.0000e+000				
	3	33.974114	0.0000e+000				
	4	109.569336	0.0000e+000				
	5	128.899072	0.0000e+000				
	6	129.209974	0.0000e+000				
	7	145.367377	0.0000e+000				
	8	145.611440	0.0000e+000				
	9	172.279361	7.6088e-014				
	10	172.546716	3.8285e-013				

图 8.4-1 屈曲因子

如果单看表格，很难判断针对穿层柱的屈曲模态，需要进一步结合图形动画的形式观察，如图 8.4-2 所示。

图 8.4-2 结合图形动画观察

读者实际操作过程会发现，第一模态其实针对穿层柱的屈曲不明显，更多是结构整体层面。观察其他模态，直到第五模态才完全属于穿层柱的屈曲，如图 8.4-3 所示。

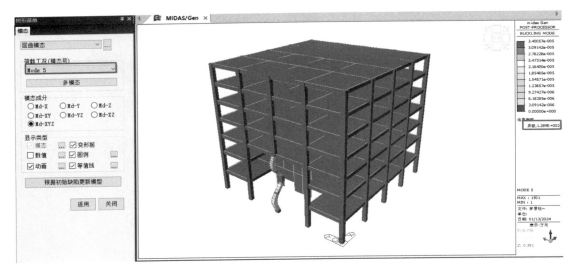

图 8.4-3　第五模态

需要提醒读者的是，实际项目中，通过整体屈曲的方法计算穿层柱的临界荷载，最容易让设计师纠结的地方是屈曲模态的辨别。如果严格地判断穿层柱的屈曲，屈曲因子往往靠后，偏大，结果相对不安全（不是绝对）。这里，建议读者结合单位力法综合考虑。

2. 单位力屈曲分析法屈曲因子

选择"结果表格"→"屈曲模态"。

单位力法同样通过"结果表格"查看全部的屈曲因子，如图 8.4-4 所示。

节点	模态	UX	UY	UZ	RX	RY	RZ
				屈曲分析			
	模态	特征值	容许误差				
	1	184581.74592	4.7853e-005				
	2	186910.80092	6.1403e-004				
	3	372462.53467	2.2427e-002				
	4	374572.81635	1.4767e-002				
	5	693719.48934	8.0219e-003				
	6	699048.85568	8.3899e-002				
	7	1006321.8702	1.7683e-001				
	8	1008287.7410	1.4795e-001				
	9	1398556.5175	1.2268e+000				
	10	1404025.5678	7.8440e-001				

图 8.4-4　"结果表格"查看全部屈曲因子

同时，结合动画，查看每个模态下的屈曲动画，如图 8.4-5 所示。

这里不难发现，单位力法针对穿层柱而言，屈曲模态非常清晰，推荐读者采用。通常，第一模态即为穿层柱的屈曲模态。

3. 屈曲因子反算计算长度系数

屈曲因子到计算长度系数的反算在第 8.2 节已经进行了论述。实际项目中，建议读者通过 Excel 的计算表格进行汇总即可。表 8.4-1 所示为几种方法反算得到的计算长度系数的表格，供参考。

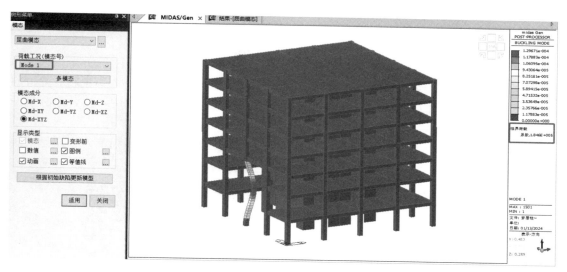

图 8.4-5　每个模态下的屈曲动画

几种方法反算得到的计算长度系数的表格　　　　　　　　表 8.4-1

π	EI	轴力值 N (kN)	屈曲因子	临界荷载 (kN)	几何长度 (m)	计算长度 (m)	计算长度系数	备注
3.14	1024000000000000.00	4488.40	39.91	179136.53	14.00	7.51	0.536	YJK
3.14	1024000000000000.00	4442.10	33.54	148988.03	14.00	8.24	0.588	midas 整体
3.14	1024000000000000.00	1.00	184600.00	184600.00	14.00	7.40	0.528	midas 整体单位力

从表 8.4-1 中不难看出，计算长度系数均不到 0.6，数值在铰接与固接的范围内，规范取值能保证结构构件的安全。

8.5　钢筋混凝土穿层柱案例思路拓展

1. 屈曲分析方法的选择

第 8.3 节中介绍了两种常见的屈曲分析的方法。实际项目中，随着电算的普及，两种方法读者都可尝试。整体屈曲分析建议针对整个结构，单位力法建议针对穿层柱。

2. 单独构件法

在一些文献中，还有一些其他的分析方法，比如单独构件法，感兴趣的读者可以查阅。这里需要提醒读者，穿层柱屈曲分析的目的是，反算小震下的计算长度，属于弹性层面的范畴。

实际项目中，一旦几何模型确定了，构件之间的刚度其实也就确定了，因此从工程应用的角度，单位力法更加实用。但是，针对一些复杂的项目，单独构件法仍可以作为一种补充计算的手段。

3. 从构件的稳定到结构的稳定

从前面的内容可以知道，穿层柱的屈曲分析是线性屈曲分析的范畴，并且属于构件层面。读者可以举一反三，拓展到非线性分析的领域，比如针对网壳的非线性分析等。

8.6　钢筋混凝土穿层柱小结

本章重点介绍了钢筋混凝土穿层柱的屈曲分析的概念设计，通过 Gen 实现屈曲分析的流程，介绍了整体屈曲分析的方法和单位力屈曲分析的方法。实际项目中，读者务必举一反三，学会从构件层面过渡到结构层面。

拓展：穿层柱的屈曲分析是实际项目中经常遇到的一个专题，更多细节内容详见视频8.6（共 8 个）。

视频 8.6-1
穿层柱专题介绍

视频 8.6-2
穿层柱稳定分析的
意义

视频 8.6-3
压杆稳定的概念
分析

视频 8.6-4
穿层柱计算分析
全内容概览

视频 8.6-5
穿层柱稳定分析
GEN 操作流程一

视频 8.6-6
穿层柱稳定分析
GEN 操作流程二

视频 8.6-7
穿层柱稳定分析
GEN 操作流程三

视频 8.6-8
穿层柱稳定分析
总结

第**9**章

钢筋混凝土楼盖舒适度分析

9.1 钢筋混凝土楼盖舒适度案例背景

9.1.1 为什么要做舒适度分析

实际项目中有这样一种情况，结构设计构件强度和变形均满足要求，但是在使用过程中有一种不安全的感觉，比如室内运动场地，楼盖颤动比较明显，使用者有明显的不适，这就是一类舒适度问题（图 9.1-1）。

人群运动时楼盖的振动

图 9.1-1 舒适度

还有一种典型的舒适度问题发生在沿海地区，特点是台风来临的时候，使用者在楼栋中感受到明显的不适，属于风荷载作用下结构的舒适度问题。

9.1.2 案例背景

本案例根据某办公楼项目改编而成。

本案例为某办公楼首层，对一大跨楼盖（图 9.1-2）进行舒适度分析，旨在让读者掌握舒适度的有限元分析过程。

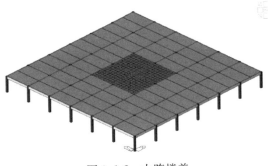

图 9.1-2　大跨楼盖

9.2　钢筋混凝土楼盖舒适度概念设计

9.2.1　结构的舒适度

舒适度其实是居住者的一种感觉！在徐培福《复杂高层建筑结构设计》一书中，将舒适度大体分为两类：

1）结构在风荷载作用下引起的摇摆运动；

2）结构楼盖因人或其他运动的干扰引起的振动。

楼盖的舒适度是正常使用极限状态的要求。

9.2.2　结构在风荷载作用下的舒适度

图 9.2-1 是人对建筑物摇摆反应的忍受能力和人的舒适度曲线，A 是可感受的临界点；B 是可进行写作或心理极限点；C 是可行走的临界点；D 是建筑物允许摆动的临界点。

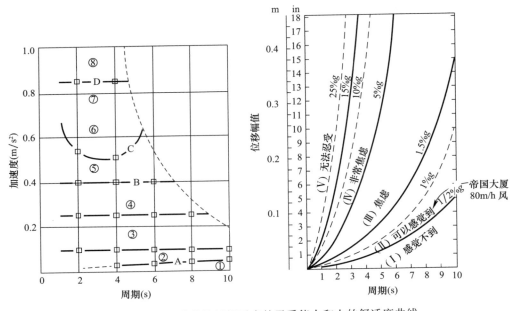

图 9.2-1　人对建筑物摇摆反应的忍受能力和人的舒适度曲线

表 9.2-1 是人的忍受能力划分等级。读者注意，这是根据加速度进行的划分。

人的忍受能力划分等级　　　　　　　　　　　　　　　　　　表 9.2-1

等级	加速度（m/s²）	影响
1	<0.05	人感觉不到摆动
2	$0.05\sim0.10$	敏感的人能感受到摆动；悬挂的物体轻轻摆动
3	$0.10\sim0.25$	大部分人可感觉到摆动；摆动影响写作，长时间的姿势可感觉不舒服
4	$0.25\sim0.4$	书桌工作变得非常困难甚至已不能进行；但仍能行走
5	$0.4\sim0.5$	人们明显地感受到摆动，自然行走已较困难，站立的人将失去平衡
6	$0.5\sim0.6$	大部分人不能忍受此时的摆动且不能自然行走
7	$0.6\sim0.7$	人们不能行走，不能忍受摆动
8	>0.85	物体开始落下，人受到伤害

最后，我们看看《高层建筑混凝土结构技术规程》JGJ 3—2010 对舒适度的加速度限制，如表 9.2-2 所示（《高层建筑混凝土结构技术规程》JGJ 3—2010 表 3.7.6）。规范通过加速度限值来控制结构在风荷载作用下的舒适度，风振主要针对顺风向风振和横风向风振。

结构顶点风振加速度限值 $a_{\lim}$　　　　　　　　　　　　　　　　表 9.2-2

使用功能	$a_{\lim}$（m/s²）
住宅、公寓	0.15
办公、旅馆	0.25

9.2.3　楼盖的舒适度概念

楼盖振动过大，影响人的正常生活和工作，我国规范和相关理论书籍对振动的限制更多地取决于人的感觉。进一步说，这种感觉和楼盖振动的时间长短、大小都有关系，与人本身的生理反应也有关系。同样的振动、同一个楼盖，不同空间、不同人群，反应也不一样。

楼板舒适度分析是正常使用极限状态的要求，满足的是人的舒适程度。需要进行舒适度验算的情况：悬挑、大跨度、连体、组合楼盖等！

图 9.2-2 是不同环境下人舒适度所能接受的峰值加速度水平，这也是规范制定舒适度峰值加速度的来源。

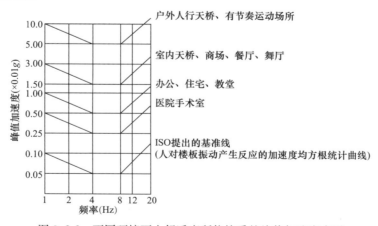

图 9.2-2　不同环境下人舒适度所能接受的峰值加速度水平

表 9.2-3 是徐培福的《复杂高层建筑结构设计》一书中汇总的四类环境下楼盖振动的峰值加速度限值。

四类环境下楼盖振动的峰值加速度限值 　　　　　　　　表 9.2-3

人员活动环境	可接受的楼盖振动峰值加速度
医院手术室	$0.0025g$
住宅、办公	$0.005g$
商业、餐饮、舞厅、走道	$0.015g$
室外人行天桥	$0.05g$

最后，读者应了解结构楼盖的振动模型有三类：共振模型、变形模型和脉冲振动模型。其中，结构分析以共振模型为主，如图 9.2-3 所示。

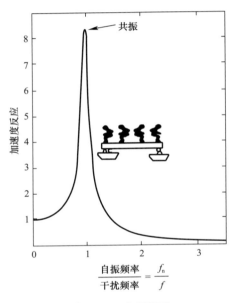

图 9.2-3　共振模型

9.2.4　楼盖的舒适度相关规范理解

表 9.2-4 为国内外相关规范对楼盖舒适度的控制。

国际相关规范对楼盖舒适度的控制 　　　　　　　　表 9.2-4

序号	标准	类别
1	加拿大标准协会	加速度峰值限值
2	国际标准化组织	加速度峰值限值
3	美国钢结构协会	加速度、频率、有节奏激励
4	英国混凝土协会	混凝土楼盖标准，加速度反应系数限制
5	《高层民用建筑钢结构技术规程》JGJ 99—2015	钢-混凝土组合楼盖标准，频率限制标准
6	《城市人行天桥与人行地道技术规范》CJJ 69—1995	振动频率限值
7	《高层建筑混凝土结构技术规程》JGJ 3—2010	频率限值，加速度峰值限值

实际工程中，我们主要控制频率限值和加速度峰值限值来保证楼盖的舒适度。

依据《建筑楼盖振动舒适度技术标准》JGJ/T 441—2019（以下简称《舒适度标准》），从舒适度要求、限值和荷载三个角度进行说明。

以下为《舒适度标准》对舒适度的要求（包括频率和加速度两个方面）。

4.1.1　建筑楼盖的竖向振动加速度应符合下列规定：

1　行走激励和室内设备振动为主的楼盖结构、连廊和室内天桥

$$a_{\mathrm{p}} \leqslant [a_{\mathrm{p}}] \tag{4.1.1-1}$$

式中：a_{p}——竖向振动峰值加速度（$\mathrm{m/s^2}$）；

$[a_{\mathrm{p}}]$——竖向振动峰值加速度限值（$\mathrm{m/s^2}$）。

2　有节奏运动为主的楼盖结构

$$a_{\mathrm{pm}} \leqslant [a_{\mathrm{pm}}] \tag{4.1.1-2}$$

式中：a_{pm}——有效最大加速度（$\mathrm{m/s^2}$）；

$[a_{\mathrm{pm}}]$——有效最大加速度限值（$\mathrm{m/s^2}$）。

4.1.2　连廊和室内天桥的横向振动加速度应符合下列规定：

$$a_{\mathrm{pL}} \leqslant [a_{\mathrm{pL}}] \tag{4.1.2}$$

式中：a_{pL}——横向振动峰值加速度（$\mathrm{m/s^2}$）；

$[a_{\mathrm{pL}}]$——横向振动峰值加速度限值（$\mathrm{m/s^2}$）。

4.1.3　建筑楼盖的自振频率宜符合下列规定：

1　竖向自振频率

$$f_1 \geqslant [f_1] \tag{4.1.3-1}$$

式中：f_1——第一阶竖向自振频率（Hz）；

$[f_1]$——第一阶竖向自振频率限值（Hz）。

2　连廊和室内天桥的横向自振频率

$$f_{\mathrm{L}1} \geqslant [f_{\mathrm{L}1}] \tag{4.1.3-2}$$

式中：$f_{\mathrm{L}1}$——第一阶横向自振频率（Hz）；

$[f_{\mathrm{L}1}]$——第一阶横向自振频率限值（Hz）。

以下为《舒适度标准》中具体的舒适度限值，也是设计师对电算结果进行判断的依据。

4.2.1　以行走激励为主的楼盖结构，第一阶竖向自振频率不宜低于3Hz，竖向振动峰值加速度不应大于表4.2.1规定的限值。

竖向振动峰值加速度限值

表4.2.1

楼盖使用类别	峰值加速度限值（$\mathrm{m/s^2}$）
手术室	0.025
住宅、医院病房、办公室、会议室、医院门诊室、教室、宿舍、旅馆、酒店、托儿所、幼儿园	0.050
商场、餐厅、公共交通等候大厅、剧场、影院、礼堂、展览厅	0.150

4.2.2　有节奏运动为主的楼盖结构，在正常使用时楼盖的第一阶竖向自振频率不宜低于4Hz，竖向振动有效最大加速度不应大于表4.2.2规定的限值。

竖向振动有效最大加速度限值	表 4.2.2
楼盖使用类别	有效最大加速度限值（m/s²）
舞厅、演出舞台、看台、室内运动场地、仅进行有氧健身操的健身房	0.50
同时进行有氧健身操和器械健身的健身房	0.20

注：看台是指演唱会和体育场馆的看台，包括无固定座位和有固定座位。

4.2.3 车间办公室、安装娱乐振动设备、生产操作区的楼盖结构，正常使用时楼盖的第一阶竖向自振频率不宜低于 3Hz，竖向振动峰值加速度不应大于表 4.2.3 中规定的限值。

竖向振动峰值加速度限值	表 4.2.3
楼盖使用类别	峰值加速度限值（m/s²）
车间办公室	0.20
安装娱乐振动设备	0.35
生产操作区	0.40

4.2.4 连廊和室内天桥的第一阶横向自振频率不宜小于 1.2Hz，振动峰值加速度不应大于表 4.2.4 规定的限值。

连廊和室内天桥的振动峰值加速度限值	表 4.2.4	
楼盖使用类别	峰值加速度限值（m/s²）	
	竖向	横向
封闭连廊和室内天桥	0.15	0.10
不封闭连廊	0.50	0.10

以下是《舒适度标准》具体的舒适度荷载取值，是有限元分析时荷载取值的依据。

3.2.1 舒适度设计时，计算楼盖自振频率和振动加速度采用的荷载应符合本节的规定。

3.2.2 永久荷载应包括楼盖自重、面层、吊挂、固定隔墙等实际使用时楼盖上的荷载。当楼盖、面层、吊挂、固定隔墙等荷载不能确定时，宜取其自重的下限值。

3.2.3 有效均布活荷载可按表 3.2.3 取值。

有效均布活荷载	表 3.2.3
楼盖使用类别	有效均布活荷载（kN/m²）
手术室、教室、办公室、会议室、医院门诊室、剧场、影院、礼堂	0.5
住宅、宿舍、旅馆、酒店、医院病房、餐厅、食堂	0.3
托儿所、幼儿园、展览厅、公共交通等候大厅、商场	0.2

3.2.4 有节奏运动的人群荷载可按表 3.2.4 取值。

有节奏运动的人群荷载	表 3.2.4
楼盖使用类别	人群荷载（kN/m²）
舞厅、演出舞台	0.60
看台	1.50
仅进行有氧健身操的健身房	0.20

续表

楼盖使用类别	人群荷载（kN/m²）
同时进行有氧健身操和器械健身的健身房	0.12
室内运动场地	0.12

注：看台是指演唱会和体育场馆的看台，包括有固定座位和无固定座位两种。

3.2.5　舒适度设计时荷载应按下列公式计算：

1　行走激励和设备振动为主的楼盖结构

$$F_c = G_k + Q_q \tag{3.2.5-1}$$

2　有节奏运动为主的楼盖结构

$$F_c = G_k + Q_q + Q_p \tag{3.2.5-2}$$

3　连廊和室内天桥

$$F_c = G_k + Q_{qb} \tag{3.2.5-3}$$

工程上使用较多的是行走激励荷载、有节奏运动。人引发的一阶荷载频率大约为 2Hz、二阶荷载 4Hz、三阶荷载 6Hz，当结构自振周期在 2Hz、4Hz、6Hz 左右时，荷载会诱发共振。

9.3　钢筋混凝土楼盖舒适度 Gen 软件实际操作

本章内容和第 8 章类似，属于补充计算级别的有限元分析，因此读者在阅读学习时要有所侧重。

在进行舒适度的 Gen 软件实际操作前，我们先梳理一下涉及舒适度计算的补充模型顺序问题。

1）国产软件（YJK 或者 PK）进行小震计算初始模型；

2）Gen 进行楼盖竖向频率分析模型；

3）Gen 进行楼盖加速度分析模型。

1. Gen 进行楼盖竖向频率分析模型

先导入 MGT 文件，如图 9.3-1 所示。

这里要提醒读者，楼盖的舒适度分析与整体结构在风荷载作用下的舒适度分析不一样。前者针对楼盖，后者针对整体结构。因此，分析时要删除楼盖相关范围以外的结构构件，提升分析效率。

接下来，对导入模型进行一些修改。主要是大跨楼盖的网格划分、边界条件的修改、荷载的添加、材料特性的修改。

图 9.3-2 是网格划分，目的是对大跨楼盖进行精细有限元分析。

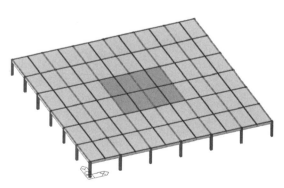

图 9.3-1　导入 MGT 文件

图 9.3-3 是动力分析下混凝土材料采用的动弹性模量，根据规范可放大 1.2～1.3 倍。

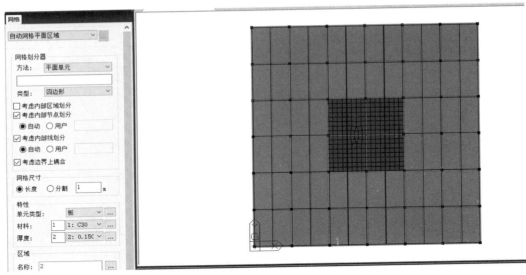

图 9.3-2　网格划分

图 9.3-3　动力分析下混凝土材料采用的动弹性模量

图 9.3-4 为删除刚性楼板假定等数据。

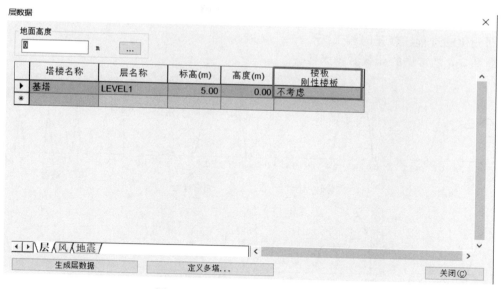

图 9.3-4　删除刚性楼板假定等数据

图 9.3-5 为竖向荷载转换为质量，务必选择带有 Z 向的质量！

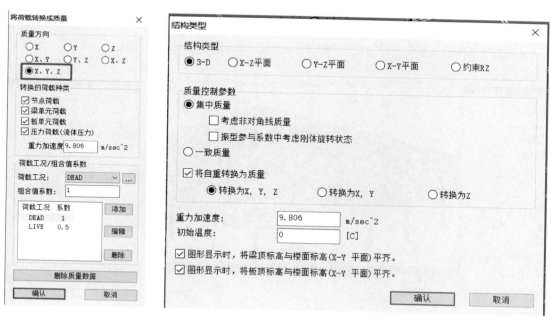

图 9.3-5　竖向荷载转换为质量

至此，荷载设置完毕。即可运行分析，查看竖向频率。

2. Gen 进行楼盖加速度分析模型

在竖向频率满足的基础上，进行加速度分析。

首先，添加荷载。加速度分析是一个随时间变化的过程，因此楼盖荷载自然也是一个随时间变化的过程，就是时程工况。

图 9.3-6 是常见的荷载激励函数。

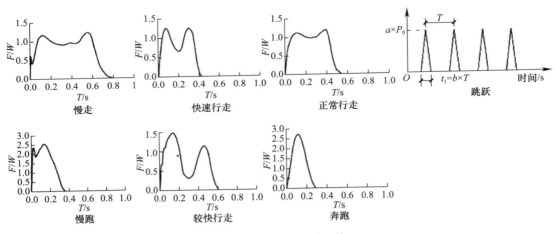

图 9.3-6　荷载激励函数

Gen 中，舒适度荷载计算的添加分四大步：静力荷载、时程工况、时程分析函数、时变静力荷载。下面，我们依次进行。

1）静力荷载。参考《舒适度标准》中室内运动场地 0.12kPa，见图 9.3-7。

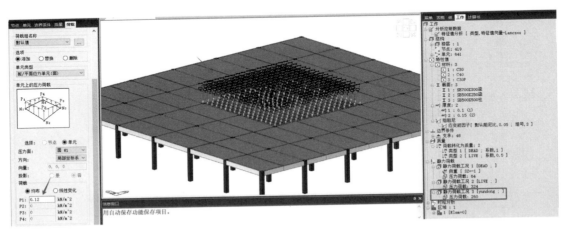

图 9.3-7　静力荷载

注意这里的静力荷载是为了时程函数准备的，不是静力计算用的。

2）时程工况，见图 9.3-8。

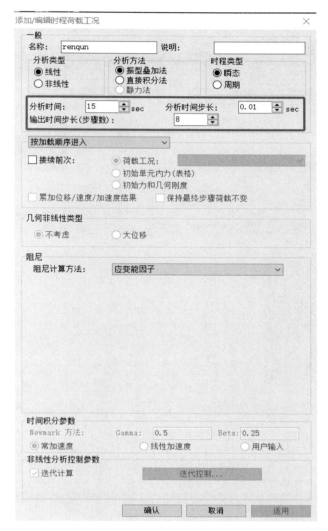

图 9.3-8　时程工况

图 9.3-8 中，分析时间与时间步长参考《舒适度标准》第 5.3.4 条和第 6.3.4 条内容。阻尼计算的方法如果选用应变能因子，则需要定义组阻尼，如果选用振型阻尼，需要特征值分析，竖向质量参与系数建议达到 90％。

3）时程分析函数，见图 9.3-9。

时程分析函数也可以根据具体项目的要求，通过 Excel 的表格进行数据整理，粘贴到图 9.3-9 左侧。

4）时变静力荷载，见图 9.3-10。

将已定义的静力荷载在时程函数的加持下，通过时程工况，变成真正意义上的动力荷载。

至此，前处理操作完毕，可以进行分析。

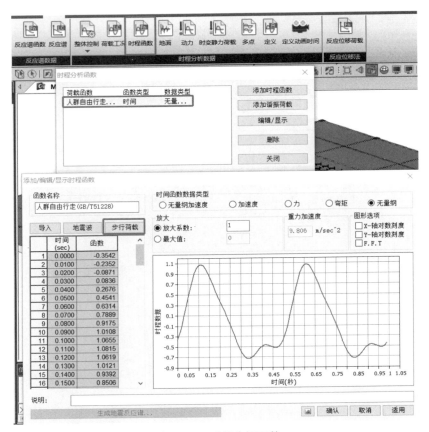

图 9.3-9 时程分析函数

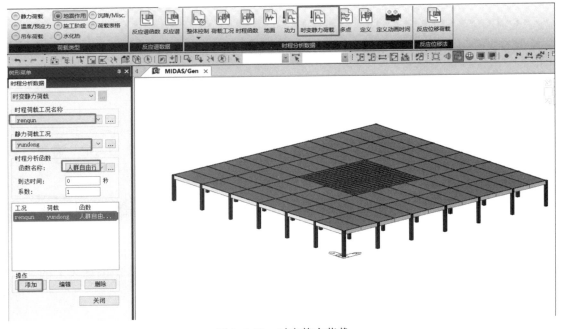

图 9.3-10 时变静力荷载

9.4   钢筋混凝土楼盖舒适度 Gen 软件结果解读

1. Gen 进行楼盖竖向频率分析模型的竖向频率查看

选择"结果表格"→"周期与振型"。

竖向频率的数值查看首先可以打开周期与振型的表格，如图 9.4-1 所示。

节点	模态	UX	UY	UZ	RX	RY	RZ
				特征值分析			
	模态号	频率		周期	容许误差		
		(rad/sec)	(cycle/sec)	(sec)			
	1	20.8640	3.3206	0.3011	0.0000e+000		
	2	20.9084	3.3277	0.3005	0.0000e+000		
	3	23.4150	3.7266	0.2683	0.0000e+000		
	4	31.0069	4.9349	0.2026	0.0000e+000		
	5	50.3843	8.0189	0.1247	5.6743e-114		
	6	52.1134	8.2941	0.1206	4.4416e-108		
	7	52.7231	8.3911	0.1192	1.2918e-105		
	8	54.0955	8.6096	0.1161	4.1935e-097		
	9	54.2123	8.6282	0.1159	1.0279e-097		
	10	54.2180	8.6291	0.1159	1.7734e-097		
	11	55.6494	8.8569	0.1129	1.9397e-096		
	12	56.4084	8.9777	0.1114	2.1556e-094		
	13	57.5004	9.1515	0.1093	1.0442e-091		
	14	58.0235	9.2347	0.1083	9.6503e-091		
	15	58.7429	9.3492	0.1070	2.2575e-088		
	16	58.8260	9.3624	0.1068	6.4371e-088		
	17	59.9972	9.5488	0.1047	5.0134e-085		
	18	60.0450	9.5565	0.1046	2.8042e-085		
	19	60.1795	9.5779	0.1046	4.0238e-085		
	20	65.3935	10.4077	0.0961	3.4393e-077		
				振型参与质量			
	模态号	TRAN-X		TRAN-Y		TRAN-Z	
		质量(%)	合计(%)	质量(%)	合计(%)	质量(%)	合计(%)	质量(%)	合计(%)	质量(%)	合计(%)	质量(%)	合计(%)
	1	99.8668	99.8668	0.0000	0.0000	0.0000	0.0000	0.0000	0.0000	0.0217	0.0217	0.0000	0.0000
	2	0.0000	99.8668	99.9722	99.9722	0.0000	0.0000	0.0000	0.0000	0.0000	0.0217	0.0000	0.0000
	3	0.0000	99.8668	0.0000	99.9722	0.0000	0.0000	0.0000	0.0000	0.0000	0.0217	99.9518	99.9518

图 9.4-1   周期与振型表格

在图 9.4-1 中，要识别楼盖竖向振动的频率需要借助振型参与质量来实现，这里的目的是汇总各模态下的频率。

进一步，通过动画来判断楼盖的振动模态。如图 9.4-2 所示。

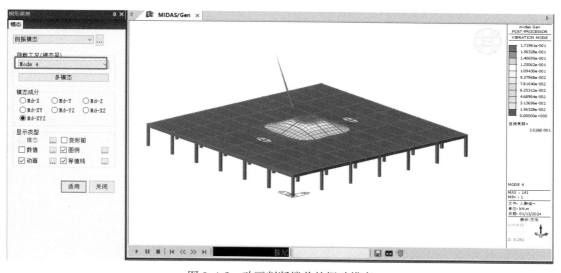

图 9.4-2   动画判断楼盖的振动模态

2. Gen 进行楼盖加速度分析模型的加速度查看

选择"时程图表文本"→"时程文本"。

图 9.4-3 是以文本的形式显示任意节点在时程工况下最大加速度的方法，按图中设置好后点击适用，弹出如图 9.4-4 所示的对话框。

图 9.4-3　楼盖加速度分析模型的加速度查看

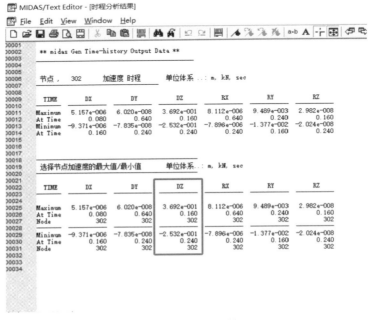

图 9.4-4　弹出对话框

除了文本数值显示外，还可以以图形的形式进行加速度时程的显示。

图 9.4-5 是某一节点加速度函数的定义。

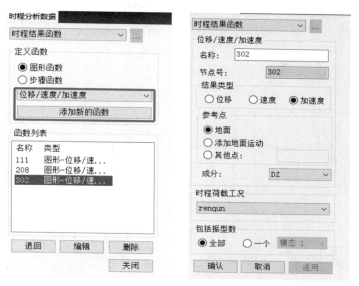

图 9.4-5　定义加速度函数

图 9.4-6 是在加速度函数定义的基础上，赋予时间意义。

图 9.4-6　赋予时间意义

图 9.4-7 是最后的节点加速度随时间变化的函数曲线。

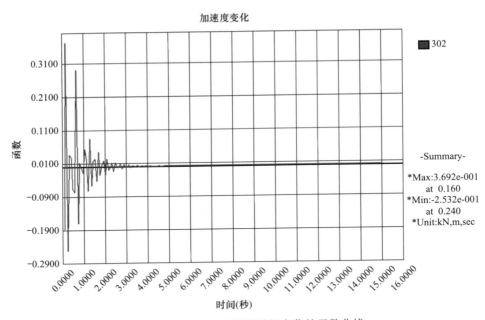

图 9.4-7　节点加速度随时间变化的函数曲线

需要提醒读者的是，此加速度是某一时刻的节点最大加速度，需要按《舒适度标准》进行适当转换。

9.5　钢筋混凝土楼盖舒适度案例思路拓展

1. 荷载激励函数的选择

实际项目中，读者务必举一反三，不同的场景对荷载激励函数的选择不一样，一个以不变应万变的方法就是用 Excel 的方法根据函数生成数值，导入 Gen 中进行计算。这个方法同样适用于其他的有限元软件。

2. 舒适度分析结果不满足怎么处理

舒适度分析结果主要查看频率和加速度。如果出现不满足的情况怎么调整？实际项目中经常采用的方法是增加楼盖的刚度。这里需要提醒读者注意的是增加刚度，往往可以解决楼盖频率的问题，加速度的问题需要结合频率综合判断。

9.6　钢筋混凝土楼盖舒适度小结

本章重点介绍了钢筋混凝土楼盖舒适度的计算分析，通过 Gen 实现楼盖舒适度分析的流程，实际项目边界条件变化万千，读者务必结合结构概念，灵活运用有限元软件进行分析设计。

拓展：楼盖的舒适度分析是实际项目中经常遇到的一个专题，更多细节内容详见视频 9.6（共 8 个）。

视频 9.6-1
楼板舒适度专题
介绍

视频 9.6-2
楼板舒适度分析的
意义

视频 9.6-3
楼板舒适度相关的
规范理解

视频 9.6-4
楼板舒适度分析
GEN 操作流程一

视频 9.6-5
楼板舒适度分析
GEN 操作流程二

视频 9.6-6
楼板舒适度分析
GEN 操作流程三

视频 9.6-7
楼板舒适度分析
GEN 操作流程四

视频 9.6-8
楼板舒适度分析
总结

附录

midas Gen 细节操作集锦视频

视频附录-1
收缩单元的
妙用

视频附录-2
消隐中看板厚

视频附录-3
快速查询已选的
单元和节点

视频附录-4
快速选择

视频附录-5
激活的妙用

视频附录-6
显示荷载还可以
这么看

视频附录-7
一张图片搞清杆单元
局部坐标系

视频附录-8
一张图片搞清板单元
局部坐标系

视频附录-9
单元局部坐标系
之墙单元

视频附录-10
深刻理解墙单元
绘制的两个务必

视频附录-11
用好这个菜单你的
Gen 计算书与众不同

视频附录-12
如何快速删除无用节点
让你的有限元模型更清爽

视频附录-13
Gen 模型单元比例
搞错了，怎么办？

视频附录-14
Gen 中 Beta 角的
妙用

视频附录-15
Gen 中批量统一
坐标轴的方法

视频附录-16
Gen 中不能验算
挠度？

视频附录-17
板单元坐标轴
混乱怎么办

视频附录-18
Gen 墙洞如何开？

视频附录-19
Gen 墙单元不显示
局部坐标系？

视频附录-20
Gen 变截面梁
如何定义？

视频附录-21
Gen 如何玩转变
截面组？

视频附录-22
Gen 中的虚梁和
虚面

视频附录-23
Gen 中如何快速
统一梁端释放

视频附录-24
Gen 中梁柱偏心
怎么考虑

视频附录-25
从内力到应力

视频附录-26
Gen 结构力学计算系列
之连续梁 1 建模

视频附录-27
Gen 结构力学计算系列
之连续梁 2 约束

视频附录-28
Gen 结构力学计算系列
之连续梁 3 加载

视频附录-29
Gen 结构力学计算系列
之连续梁 4 分析

视频附录-30
Gen 结构力学计算系列
之铰的妙用

视频附录-31
Gen 结构力学计算系列
之退一步海阔天空

视频附录-32
Gen 结构力学计算系列
之刚架与排架的前世今生

视频附录-33
Gen 结构力学计算系列
之平面桁架

视频附录-34
快速掌握 Gen 里的
视图

视频附录-35
Gen 结构力学计算系列
之组合结构一

视频附录-36
Gen 结构力学计算系列
之组合结构二

视频附录-37
Gen 结构力学计算系列
之组合结构的思考

视频附录-38
Gen 结构力学计算系列
之拱的概念——天与地

视频附录-39
Gen 结构力学计算系列
之拱的建模

视频附录-40
Gen 结构力学计算系列
之拱的内力分析

视频附录-41
Gen 结构力学计算系列
之拱的形状——
方向不对，努力白费！

视频附录-42
Gen 结构力学计算系列
之拉杆拱的 50 m 跨选型
对比 1

视频附录-43
Gen 结构力学计算系列
之拉杆拱的 50m 跨选型
对比 2

视频附录-44
Gen 结构力学计算系列
之拉杆拱的 50m 跨选型
对比 3

视频附录-45
Gen 结构力学计算
系列之温度 1 体会
热胀冷缩

视频附录-46
Gen 结构力学计算系列
之温度 2 体会约束强弱

视频附录-47
Gen 结构力学计算系列
之温度 3 体会升降温与
内力变化

视频附录-48
Gen 结构力学计算系列
之温度 4 体会温差变化

视频附录-49
Gen 结构力学计算系列
之温度 5 温度与刚度的
博弈

视频附录-50
Gen 结构力学计算系列
之折梁 1

视频附录-51
Gen 结构力学计算系列
之折梁 2

视频附录-52
Gen 结构力学计算系列
之折梁 3

视频附录-53
Gen 结构力学计算系列
之折梁 4

参 考 文 献

【1】 梁炯丰. Midas/gen 结构有限元分析与应用［M］. 北京：北京理工大学出版社，2016.
【2】 侯晓武. midas Gen 常见问题解答［M］. 北京：中国建筑工业出版社，2014.
【3】 刘红波. MIDAS Gen 软件基础与实例教程［M］. 天津：天津大学出版社，2020.
【4】 方鄂华. 高层建筑钢筋混凝土结构概念设计［M］. 2 版. 北京：机械工业出版社，2014.
【5】 张毅刚，薛素铎，杨庆山，等. 大跨空间结构［M］. 2 版. 北京：机械工业出版社，2014.
【6】 徐培福. 复杂高层建筑结构设计［M］. 北京：中国建筑工业出版社，2005.
【7】 傅学怡. 实用高层建筑结构设计［M］. 2 版. 北京：中国建筑工业出版社，2010.
【8】 林同炎. 结构概念和体系［M］. 2 版. 高立人，方鄂华，钱稼茹，译. 北京：中国建筑工业出版社，2010.
【9】 西安建筑科技大学. 钢结构基础［M］. 5 版. 北京：中国建筑工业出版社，2023.
【10】 迈达斯技术有限公司. Midas Gen 在线帮助手册.
【11】 中华人民共和国住房和城乡建设部. 建筑楼盖振动舒适度技术标准：JGJ/T 441—2019［S］. 北京：中国建筑工业出版社，2020.
【12】 刘鸿文. 材料力学［M］. 6 版. 北京：高等教育出版社，2017.